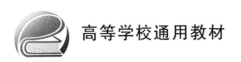

高等学校通用教材

电子学实验

徐 平 马纪明 安 炜 王 峥 黄行蓉 编著

北京航空航天大学出版社

内 容 简 介

本书是北京航空航天大学中法工程师学院预科阶段"电子学实验"课程的配套教材。通过该课程，首先要求学生了解电子学基本仪器的工作原理并掌握其使用方法，包括模拟和数字示波器、模拟和数字信号发生器、万用表、数据采集系统(虚拟仪器)等，同时通过测量仪器的特性参数，了解仪器的特点及适用范围，并通过电磁波在同轴电缆中的传输特性研究，进一步巩固对仪器特性的理解；然后通过滤波器实验帮助学生了解 R、L、C 三大无源器件特性和不同滤波电路特点，掌握电路的时域和频域的分析表述方法；由各类运算放大器电路的搭建和参数测量，了解其不同应用场景下展示的特点和局限性，并以负电组为例了解有源器件的特点；以经典的 WIEN 桥振荡器，帮助学生理解振荡的产生原理和该电路的应用；以模拟乘法器为载体，将数学与电路紧密结合，学习调制解调原理、实现和应用方法等，并在超声多普勒测速实验中得到应用；通过多运放的联合使用，搭建各种振荡电路，帮助学生理解工作机理。

本书除了基本仪器使用的章节外，其他各章既相互关联(知识)又可作为独立实验(内容)；每一章内容可以根据实验学时进行组合，实验安排方便灵活，可以作为与法国有交流合作的工程师院校的"电子学实验"课程的配套教材，也可作为其他理工科院校相关实验课程的教材或参考书。

图书在版编目(CIP)数据

电子学实验 / 徐平等编著. -- 北京 ：北京航空航
天大学出版社，2019.9
ISBN 978 - 7 - 5124 - 3107 - 2

Ⅰ. ①电… Ⅱ. ①徐… Ⅲ. ①电子学—实验—高等学
校—教材 Ⅳ. ①TN01—33

中国版本图书馆 CIP 数据核字(2019)第 189092 号

电 子 学 实 验

徐平　马纪明　安炜　王峥　黄行蓉　编著
责任编辑　蔡喆
＊
北京航空航天大学出版社出版发行

北京市海淀区学院路 37 号(邮编 100191)　http://www.buaapress.com.cn
发行部电话：(010)82317024　传真：(010)82328026
读者信箱：goodtextbook@126.com　邮购电话：(010)82316936
北京九州迅驰传媒文化有限公司印装　各地书店经销
＊
开本：710×1 000　1/16　印张：8.5　字数：181 千字
2019 年 9 月第 1 版　2019 年 9 月第 1 次印刷　印数：1 000 册
ISBN 978 - 7 - 5124 - 3107 - 2　定价：29.00 元

前　言

　　法国高等教育体系是由综合大学和大学校(Grande Ecole)组成的,其中大学属于大众教育,大学校则是精英教育。在法国,凡是通过高中毕业会考的人都可以上大学。毕业会考并不是筛选考试,而是资格考试。但是,进入大学校却要难得多:首先要通过选拔性考试进入预科,完成强度非常大的预科阶段学习后,还要经过严格的入学考试才能进入大学校学习。

　　大学校中的工程师教育最早由拿破仑创立,主要是为了克服传统国立大学培养的学生理论脱离实践的弊端。几个世纪以来,工程师教育不仅培养了大批卓越的工程师人才,还造就了大量高水平的科学家、政治家、企业家和商界精英,对法国乃至欧洲经济的发展起到了至关重要的支撑和推动作用。

　　为借鉴和学习法国工程师培养的成功经验,充分发挥自身优势来培养我国的卓越工程师人才,2005年北京航空航天大学与法国中央理工大学集团联合创建了北航中法工程师学院,成功地将法国的预科和工程师教育体系、模式和优质教育资源引进到国内,在培养具有国际竞争力的通用工程师人才的同时,积极探索国外先进教育理念、模式、方法和优质教育资源本土化的有效途径。

　　在物理实验课程建设和教学实践中,中法双方教师密切合作,开发了一些新实验并编写了实验讲义。为了将北航中法工程师学院的教学经验传播给更多的相关院校,在原法文版和英文版讲义基础上编写了这本法国预科《电子学实验》教材。

　　《电子学实验》是与预科物理课程群中的《电子学》理论课程相关联的实验课。课程采用法国预科学校的教学模式,教材主要介绍实验背景、基本原理和需要完成的实验内容,但没有给出具体的实验步骤和方法;实验台上只摆放通用仪器和仪器的基本操作说明,实验元件和连接线摆放在公共区。学生根据自己的设计方案,在公共区选取元件、搭建线路并完成实验。与国内同类教材相比,本教材在数学与物理的紧密结合、仿真与实际实验结合等方面独具特色,有利于培养学生系统思维能力、分析归纳和预测实验现象能力。与自己设计实验方案、公共区自选实验组件等实验模式结合,对学生自主实践能力的培养具有重要作用。

本教材的编写过程中,徐平、安炜、王峥、黄行蓉基于法文版和英文版讲义,对前8章内容进行了补充、修改和完善;马纪明、黄行蓉和徐平对后4章进行了重写,最后由徐平和马纪明统稿。需要特别强调的是,本书编写中得到了中法工程师学院基础物理实验教学中心的三位共同创始人Yves DULAC、Jacques TABUTEAU 和 Patrice BOTTINEAU 的大力支持和无私帮助,在此表示衷心的感谢并致以崇高的敬意!讲义的编写也曾得到物理学院刘文艳、张森老师以及中法工程师学院郭天鹏、李皓岩同学的帮助,在此表示感谢。尽管已做了很大的努力,但由于学识和水平的限制,仍可能存在缺陷甚至错误,敬请读者和专家批评指正。

编　者

于北京航空航天大学中法工程师学院

2019 年 8 月

目　　录

第1章 示波器、信号发生器及万用表

在本实验中,将要了解模拟和数字示波器、模拟和数字函数信号发生器以及万用表的基本特性,并掌握万用表的基本使用方法。

1.1 波形的设计、显示与参数测量

相关理论

设某个电压信号的波形可表述为

$$e(t) = E_0 + E_m \sin 2\pi f t, \quad E_m > 0, \quad T = 1/f \tag{1-1}$$

直流分量为

$$E_{DC} = \frac{1}{T}\int_0^T e(t)\,dt = \frac{1}{T}\int_0^T (E_0 + E_m \sin 2\pi f t)\,dt = E_0$$

交流分量为

$$e_{AC}(t) = e(t) - E_{DC}$$

交流部分有效值为

$$E_{AC} = \sqrt{\frac{1}{T}\int_0^T e_{AC}^2(t)\,dt} = \sqrt{\frac{1}{T}\int_0^T E_m^2 \sin^2 2\pi f t\,dt} = \frac{E_m}{\sqrt{2}}$$

对于周期性电信号 $e(t)$,其真有效值的平方可以表述为

$$E_{TRMS}^2 = \frac{1}{T}\int_0^T e^2(t)\,dt = \frac{1}{T}\int_0^T (E_{DC} + e_{AC}(t))^2\,dt$$

$$= \frac{1}{T}\int_0^T E_{DC}^2\,dt + \frac{2}{T}\int_0^T E_{DC}\,e_{AC}(t)\,dt + \frac{1}{T}\int_0^T e_{AC}^2(t)\,dt$$

$$= E_{DC}^2 + \frac{2E_{DC}}{T}\int_0^T e_{AC}(t)\,dt + E_{AC}^2 = E_{DC}^2 + E_{AC}^2$$

对于式(1-1)所表述的波形,其真有效值为

$$E_{TRMS} = \sqrt{E_{DC}^2 + E_{AC}^2} = \sqrt{E_0^2 + \frac{E_m^2}{2}}$$

测量一下

1.1.1 波形的设计和显示

使用同轴电缆连接模拟信号发生器的输出端口和模拟示波器的输入端口。

1) 请利用模拟函数信号发生器(MFG 8216A)产生式(1-1)所表述的波形(见图 1-1),其中 $E_0=1$ V, $E_m=2$ V, $f=1$ kHz。

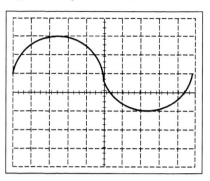

图 1-1　式(1-1)所表述的波形

2) 请在模拟示波器(IWATSU SS7802)通道 1(CH1)上显示图 1-1 所示波形。此时,示波器的参数分别为:

触发源(TRIGGER SOURCE)_____

触发耦合(COUPL)_____

触发极性(SLOPE)_____

触发电平(TRIG LEVEL)_____

扫描速度(TIME/DIV)_____

灵敏度(VOLTS/DIV)_____

1.1.2　波形的参数测量

1) 请利用台式数字万用表(TONG HUI 1951)测量波形的参数,得到的结果分别为:

$E_{DC}=$_____; $E_{AC}=$_____; $E_{TRMS}=$_____; $f=$_____。

2) 请利用数字示波器(TEKTRONIX TDS 1002B)测量波形的参数,得到的结果分别为:

$E_{DC}=$_____; $E_{AC}=$_____; $E_{TRMS}=$_____; $f=$_____;

$E_{max}=$_____; $E_{min}=$_____; $E_{pp}=$_____。

1.2　示波器的同步和触发电路

1.2.1　波形的设计和显示

请利用模拟函数信号发生器产生对称三角波,并在模拟示波器通道 1(CH1)上显示图 1-2 所示波形,要求此时示波器的设置如下。

TRIGGER SOURCE: <u>CH1</u> ; COUPL: <u>DC</u> ;　　SLOPE: <u>＋</u> ; TRIG LEVEL: <u>0V</u> ;

TIME/DIV: <u>200μs/DIV</u> ; VOLTS/DIV(CH1) : <u>1V/DIV</u> ;

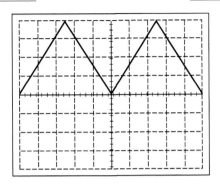

图 1-2　对称三角波波形

1.2.2　波形的参数测量

1) 请利用台式数字万用表测量波形的参数,得到的结果分别为:

$E_{DC} = $ ＿＿＿＿＿＿＿ ; $E_{AC} = $ ＿＿＿＿＿＿＿ ; $E_{TRMS} = $ ＿＿＿＿＿＿＿ ; $f = $ ＿＿＿＿＿＿＿ ;

2) 对于图 1-2 所示的对称三角波波形,根据示波器的参数设置,可以得到:

$$E_{max} = e(t)_{max} = 4 \text{ V}, \quad E_{min} = e(t)_{min} = 0 \text{ V}, \quad E_{pp} = E_{max} - E_{min} = 4 \text{ V}$$

$$E_{DC} = \frac{E_{max} + E_{min}}{2} = 2 \text{ V}, \quad E_{AC} = \frac{E_m}{\sqrt{2}} = 1.41 \text{ V}, \quad E_{TRMS} = \sqrt{E_{DC}^2 + E_{AC}^2} = 2.45 \text{ V}$$

请验证一下之前所测数据。

相关理论

1.2.3　波形信号的同步和触发

为了在示波器上得到所需的稳定信号图像,需要合理地选择触发源、触发耦合、触发极性和触发方式,并把触发电平调整到适当值。

触发电路包含一个比较器,将触发信号输入(通过面板上的"触发源"按钮选择)与所设定的触发电平(通过面板上的"触发电平"旋钮调节)进行比较:当两者相同时,判断触发输入信号的极性与所设定的触发极性(通过面板上的"触发极性"按钮选择)是否相同;如果相同,表明触发输入信号同时满足触发电平和触发极性要求,扫描电路启动,在示波器上显示所选通道的输入信号。

输入信号的显示时间由扫描时间(通过面板上的"扫描速度"旋钮调节)决定。在一次扫描结束后(在一次扫描结束前,触发电路不再判断触发条件),如果触发信号输入再次同时满足触发电平和触发极性要求,则启动扫描电路,否则就继续等待;由此实现周期信号的同步显示,从而在屏幕上得到稳定的信号图像。

 测量一下

请根据图 1-3 中图侧的示波器参数设定要求,调节信号发生器输出,得到图 1-3(1)所示的图像;然后在保持信号发生器输出不变的条件下,根据图 1-3 中每个图侧参数要求调节示波器,观察得到的显示图像并画在图 1-3(2)~(8)的窗格中。

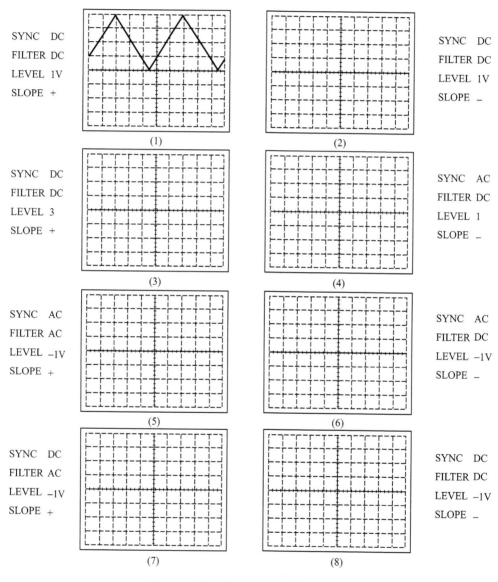

图 1-3 不同耦合和触发条件下的波形

1.3 模拟示波器的输入阻抗和数字信号 发生器的输出阻抗测量

你是否注意过模拟示波器前面板的标签(见图 1-4(a))？是否注意过数字信号发生器前面板的标签(见图 1-4(b))？

接下来,将要了解模拟示波器输入通道和数字信号发生器输出通道的特性。

图 1-5 为示波器输入通道的等效电路,其中 $R \approx 1\,M\Omega$, $C \approx 25\,pF$。通过的信号频率为 0(直流)时,等效阻抗为 R。

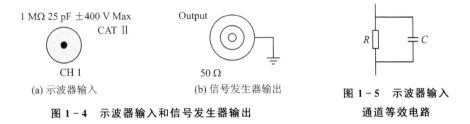

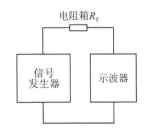

图 1-5 示波器输入 通道等效电路

(a) 示波器输入 　　(b) 信号发生器输出

图 1-4 示波器输入和信号发生器输出

1.3.1 示波器等效输入阻抗测量

参考图 1-6,设计示波器阻抗测量电路,其中包含:一个信号发生器,一个电阻箱 R_T,一个模拟示波器 (使用 CH1 输入)。

1)当信号发生器输出 $e(t)$ 为直流信号时,其等效电路如图 1-7(a)所示,信号发生器输出电阻为 r,示波器输入电阻为 R。

设示波器测得的信号为 $s(t)$,可以得到

图 1-6 示波器输入阻抗测量

$$\frac{s}{e} = \frac{R}{R_T + R + r} \approx \frac{R}{R_T + R}, \quad r \ll R$$

• 令信号发生器输出为 $e(t) = E_m$,调节电阻箱 R_T 的值为零,此时示波器上测得的值 S_m 等于 E_m;

• 增加电阻箱 R_T 的值,当示波器观测到的值为 $s(t) = 1/2E_m$ 时,可以得到此时的 $R_T = R$,由此可测得示波器 CH1 通道的输入电阻。

2) 当信号发生器输出 $e(t)$ 为交流信号时,其等效电路如图 1-7(b)所示,其中信号发生器输出电阻为 r,示波器输入等效电阻为 R,等效电容为 C。

保留上一步的 R_T 和 E_m 不变,让信号发生器输出频率 $f = 100\,kHz$ 的正弦信号,测量得到新的 S_m。

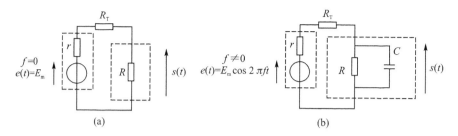

图 1-7　示波器输入阻抗测量等效电路

根据图 1-7(2)可得

$$\frac{\dot{s}}{\dot{e}} = \frac{\dot{Z}(R /\!/ C)}{\dot{Z}(R /\!/ C) + R_T + r} \approx \frac{\dot{Z}(R /\!/ C)}{\dot{Z}(R /\!/ C) + R_T} \quad (R \gg r)$$

$$\frac{\dot{s}}{\dot{e}} \approx \frac{\dot{Z}(R /\!/ C)}{\dot{Z}(R /\!/ C) + R_T} = \frac{1}{1 + R_T \dot{Y}(R /\!/ C)} =$$

$$\frac{1}{1 + R_T [\dot{Y}(R) + \dot{Y}(C)]} = \frac{1}{1 + R_T \left[\dfrac{1}{R} + jC2\pi f\right]}$$

$$\frac{\dot{s}}{\dot{e}} \approx \frac{1}{1 + \dfrac{R_T}{R} + j2\pi RCf} \Rightarrow \frac{S_m}{E_m} = \frac{1}{\sqrt{\left(1 + \dfrac{R_T}{R}\right)^2 + 4\pi^2 R^2 C^2 f^2}}$$

$$C = \frac{\sqrt{\left(\dfrac{E_m}{S_m}\right)^2 - \left(1 + \dfrac{R_T}{R}\right)^2}}{2\pi Rf}$$

由此可以得到示波器 CH1 通道的等效输入电容。

1.3.2　信号发生器输出阻抗测量

参考图 1-8(a)，设计信号发生器输出阻抗测量电路，其中包含：一个函数信号发生器，一个电阻箱 R_T 和一个示波器（使用 CH 1 输入）。当信号发生器输出 $e(t)$ 为直流信号时，其等效电路如图 1-8(b)所示，其中信号发生器输出电阻为 r，示波器输入电阻为 R。

1) 首先断开电阻箱 R_T 的连接，令信号发生器输出为 $e(t) = E_m$，此时示波器上测得的值 S_m 等于 E_m；

2) 先将电阻箱 R_T 的值调至 50Ω，然从×0.1 档开始，由低阻档开始调节电阻箱旋钮，观察示波器上的电压变化，当示波器观测到的值为 $s(t) = 1/2E_m$ 时，可以得到此时的 $R_T = r$，由此测得信号发生器的输出阻抗。

思考：为什么当示波器观测到的值为 $s(t) = 1/2E_m$ 时，电阻箱的阻值 r_T 与信号发生器的输出电阻 r 相等？

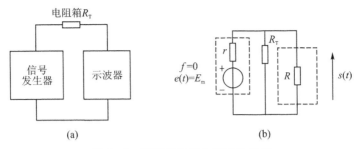

图 1-8　测量信号发生器输出阻抗

警告：注意电阻箱旋钮位置，切忌电阻箱阻值太低，这会导致短路现象发生！

1.4　函数信号发生器的 Mod、Sweep 和 Burst 模式

现在将要学习使用 Agilent 公司的 33 200A 数字函数信号发生器（见图 1-9），并了解 Mod、Sweep 和 Burst 模式是如何工作的。这些模式将会在后面的实验中用到。

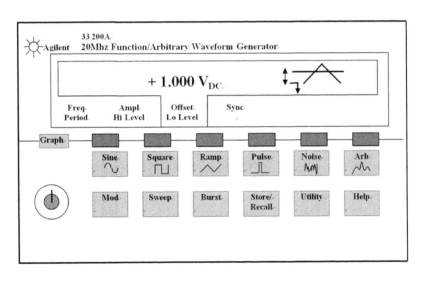

图 1-9　33 200A 数字信号发生器前面板图

相关理论

1.4.1　信号的调制

（1）波形设计

设有函数 $C(t) = C_m \sin 2\pi F t, F > 0, C_m > 0$，将其作为载波；另有两个函数，分别为 $M_1(t) = 1 + m \sin 2\pi f t, 0 < f \ll F, m > 0$ 和 $M_2(t) = \sin 2\pi f t, 0 < f \ll F$，将其作

为调制波。图 1 - 10 为函数 $C(t)$、$M_1(t)$ 和 $M_2(t)$ 的波形示意图。

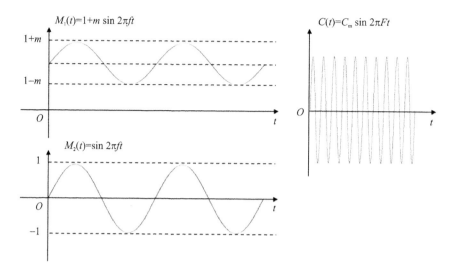

图 1 - 10　调制波和载波的波形示意图

（2）调制后信号模拟

使用 Maple 软件，描绘：

- $M_1(t)C(t) = (1 + m\sin 2\pi ft) * C_m\sin 2\pi Ft$
- $M_2(t)C(t) = \sin 2\pi ft * C_m\sin 2\pi Ft$

得到的结果为

```
>M1:=(m,t)->1+m*cos(2*Pi*t);M2:=t->cos(2*Pi*t);
```
$$M1:=(m,t) \rightarrow 1 + m\cos(2\pi t)$$
$$M2:=t \rightarrow \cos(2\pi t)$$
```
>C(t):=cos(2*Pi*20*t);
```
$$C(t):=\cos(40\pi t)$$
```
>plot(M1(1,t)*C(t),t=0..2,numpoints=1000);
```
（输出结果见图 1 - 11）

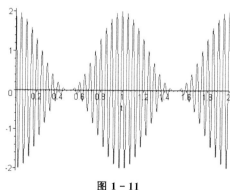

图 1 - 11

＞plot(M1(1/2,t) * C(t),t = 0..2,numpoints = 1000)；（输出结果见图 1 - 12）

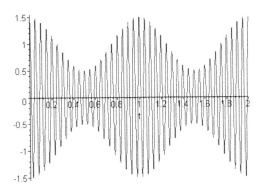

图 1 - 12

＞plot(M1(2,t) * C(t),t = 0..2,numpoints = 1000)；（输出结果见图 1 - 13）

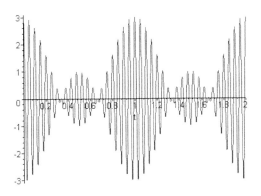

图 1 - 13

＞plot(M2(t) * C(t),t = 0..2,numpoints = 1000)；（输出结果见图 1 - 14）

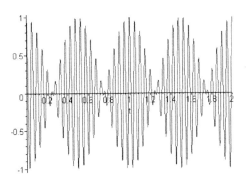

图 1 - 14

思考: m 对调制后的波形有什么影响?

利用数字函数信号发生器的 Mod 模式,试着生成上述的结果并在示波器上显示。

思考:

- 如何理解波形生成器的控制参数?
- 哪些参数是由 Mod 菜单控制的?

1.4.2 频率调制和扫频

在本单元中,将用到 Mod 菜单 FREQUENCY 选项和/或 Sweep 菜单。在这两种模式中,要产生一个频率可调制的信号。

相关理论

考虑如下信号:

$$S(t) = S_m \sin 2\pi F(t) t, \quad F(t) = F_0 + \frac{\Delta F}{2} \sin 2\pi f t, \quad f \ll F_0 - \frac{\Delta F}{2}$$

试分析信号 $S(t)$ 的变化规律,从而确定:

- 频率的最大值 F_{max};
- 频率的最小值 F_{min};
- 频率的平均值 F_{ave};
- 频率变化范围 $F_{max} \sim F_{min}$;
- 频率从 F_{min} 上升到 F_{max} 所需的时间,即扫频速率。

测量一下

使用 Mod 菜单中 FREQUENCY 选项;同时使用 Sweep 菜单(或只选择其中之一),试着产生信号 $S(t)$,理解数字函数信号发生器频率调制的控制方法。

思考:

- 哪一个参数由 Mod 中的选项 FREQUENCY 所控制?
- 哪一个参数由 Sweep 菜单所控制?

相关理论

1.4.3 猝发波

考虑两个信号:$S(t) = S_m \sin 2\pi F t$ 和矩形波信号 $C(t)$,其波形如图 1-15(a)和(b)所示。图 1-15(c)为 $C(t)S(t)$ 的图像。

思考: 为什么这个模式要称为 Mode Burst?

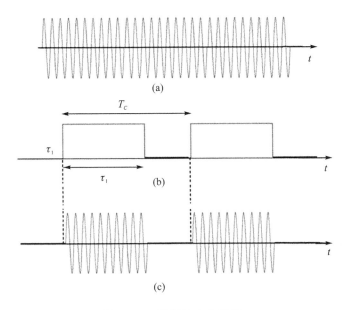

(a)

(b)

(c)

图 1 - 15　猝发波产生原理

🔍 **测量一下**

利用数字信号发生器 Burst 模式，产生如上所示 $C(t)S(t)$ 信号，试着理解数字发生器控制频率调制的参数。

思考：哪些参数由 Burst 菜单控制？

1.5　FFT 和数字示波器

在这部分，将学习利用数字示波器实现 FFT（快速傅里叶变换）的方法。

⊙ **相关理论**

考虑如图 1 - 16 所示的不对称三角波函数，可以计算出傅里叶频谱如下：

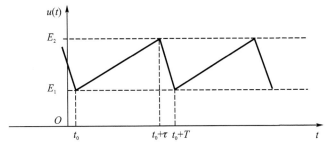

图 1 - 16　三角波

$$u(t) = a_0 + \sum_{n=1}^{+\infty} (a_n \cos n\omega t + b_n \sin n\omega t) \quad \omega = \frac{2\pi}{T}$$

$$a_0 = \frac{1}{T} \int_{t_0}^{t_0+T} f(t) \, \mathrm{d}t = \frac{1}{T} \left(\int_{t_0}^{t_0+\tau} \left[(E_2 - E_1) \frac{t-t_0}{\tau} + E_1 \right] \mathrm{d}t + \right.$$

$$\left. \int_{t_0+\tau}^{t_0+T} \left[(E_1 - E_2) \frac{t-t_0-\tau}{T-\tau} + E_2 \right] \mathrm{d}t \right) = \frac{E_1 + E_2}{2}$$

$$a_n = \frac{2}{T} \left(\int_{t_0}^{t_0+\tau} \left[(E_2 - E_1) \frac{t-t_0}{\tau} + E_1 \right] \cos n\omega t \, \mathrm{d}t + \right.$$

$$\left. \int_{t_0+\tau}^{t_0+T} \left[(E_1 - E_2) \frac{t-t_0-\tau}{T-\tau} + E_2 \right] \cos n\omega t \, \mathrm{d}t \right) =$$

$$\frac{E_2 - E_1}{2n^2\pi^2} \frac{T^2}{\tau(T-\tau)} (\cos n\omega(t_0+\tau) - \cos n\omega t_0) =$$

$$2 \frac{E_2 - E_1}{n^2\omega^2} \frac{1}{\tau(T-\tau)} (\cos n\omega(t_0+\tau) - \cos n\omega t_0) =$$

$$2 \frac{E_2 - E_1}{n^2\omega^2} \frac{1}{\tau\left(\dfrac{2\pi}{\omega} - \tau\right)} (\cos n\omega(t_0+\tau) - \cos n\omega t_0)$$

$$b_n = \frac{2}{T} \left(\int_{t_0}^{t_0+\tau} \left[(E_2 - E_1) \frac{t-t_0}{\tau} + E_1 \right] \sin n\omega t \, \mathrm{d}t + \right.$$

$$\left. \int_{t_0+\tau}^{t_0+T} \left[(E_1 - E_2) \frac{t-t_0-\tau}{T-\tau} + E_2 \right] \sin n\omega t \, \mathrm{d}t \right) =$$

$$\frac{E_2 - E_1}{2n^2\pi^2} \frac{T^2}{\tau(T-\tau)} (\sin n\omega(t_0+\tau) - \sin n\omega t_0) =$$

$$2 \frac{E_2 - E_1}{n^2\omega^2} \frac{1}{\tau(T-\tau)} (\sin n\omega(t_0+\tau) - \sin n\omega t_0) =$$

$$2 \frac{E_2 - E_1}{n^2\omega^2} \frac{1}{\tau\left(\dfrac{2\pi}{\omega} - \tau\right)} (\sin n\omega(t_0+\tau) - \sin n\omega t_0)$$

如果三角波对称,则有

$$\tau = \frac{T}{2}, \quad n\omega\tau = n\omega \frac{T}{2} = n\pi \Rightarrow \begin{cases} a_0 = \dfrac{E_1 + E_2}{2} \\[2mm] a_n = 0 \\[2mm] b_{2p} = 0 \\[2mm] b_{2p+1} = \dfrac{8E(-1)^p}{(2p+1)^2\pi^2} \end{cases}$$

如果信号中没有直流分量 E_{DC},只需要把 $a_0 = \dfrac{E_1 + E_2}{2}$ 替换为 $a_0 = 0$ 即可。

测量一下

利用数字信号发生器产生一个对称三角波信号(见图 1 - 17),并在数字示波器上显示。三角波的参数为

$$E_{\max}=4\text{V},\quad E_{\min}=0\text{V},\quad E_{\text{pp}}=4\text{V},\quad E_{\text{DC}}=2\text{V},\quad f=1\text{kHz}$$

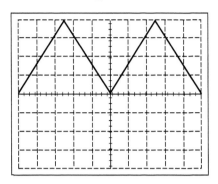

图 1 - 17　对称三角波

用示波器上的 MATH MENU 的 FFT 选项来观察该信号的频谱。

思考:

- 哪些参数由 FFT 菜单控制?
- 当消除直流分量 E_{DC} 后,新的傅里叶频谱有什么特点?

第2章 数据采集卡及 LATIS Pro 软件

在本实验中，将要了解数据采样技术，学习 SYSAM – SP5 数据采集卡以及 LATIS Pro 软件的使用方法；实验过程中，也会利用数据处理软件模拟实验结果，并与实际采集数据进行比对。

2.1 抽样基础

 **相关理论**

2.1.1 模数转换

在模拟/数字(A/D)转换器中，因为输入的模拟信号在时间上是连续的而输出的数字信号是离散的，所以转换只能在一系列选定的瞬间对输入的模拟信号取样，然后把这些取样值转换成输出的数字量。因此，A/D 转换的过程首先是对输入的模拟电压信号取样，取样结束后进入保持时间，在这段时间内将取样的电压量化为数字量，并按一定的编码形式给出转换结果。然后，再进行下一次取样。

以连续且随时间改变的物理量 $G_A(t)$ 为例，此物理量在时间区间 $[t_i, t_f]$ 内随时间变化。$G_A(t)$ 通常是模拟量(电压值)，然而计算机系统不能把连续的模拟量值全部保存到内存里，必须对模拟量进行采样，用采样得到的有限个样本代表连续模拟量进行计算和处理，如 N 个值，以此代表 $G_A(t)$ 在此区间的值。由此可知，对连续模拟信号的采样会损失物理量的一些信息。那么，怎么采样才能得到质量更好的信号呢？

以连续信号 $G_A(t)$ 为例，在时间区间 $[t_i, t_f]$ 内，按一定时间间隔获得样本值，如表 2-1 所列。

表 2 - 1 $G_A(t)$ 信号在区间 $[t_i, t_f]$ 中的采样信息

样本号	0	1	2	…	k		$N-1$
采样时间	t_0	$t_0+\Delta t$	$t_0+2\Delta t$	…	$t_0+k\Delta t$		$t_0+(N-1)\Delta t$
采样结果	$G_A(t_0)$	$G_A(t_0+\Delta t)$	$G_A(t_0+2\Delta t)$	…	$G_A(t_0+k\Delta t)$		$G_A(t_0+(N-1)\Delta t)$

这样，模拟量 $G_A(t)$ 在区间 $[t_i, t_f]$ 里被数字化了。表 2-1 就是一个关于 $[G_k(t_k), k=0, \cdots, N-1]$ 的包含 N 个样本的表格。

也可以在 X、Y 轴上描绘出这些点，其中 X 轴为 t，Y 轴为 $G_k(t_k)$，可得如图 2-2 所示的点阵图。通常情况下，在点与点之间插入线段，把这些联系起来的点

就是 $G_D(t)$，它是一个数字量。

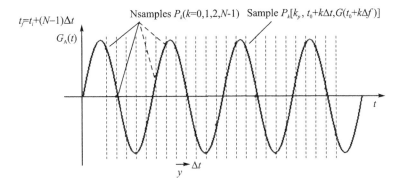

图 2-1　$G_A(t)$ 的模拟信号曲线

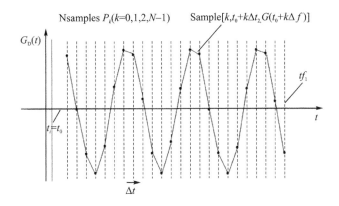

图 2-2　$G_A(t)$ 模拟信号的数字化曲线

2.1.2　采样定理

针对图 2-1 所示的连续信号 $G_A(t)$，为了能正确无误地用采样信号 $G_D^*(t)$ 表示连续信号 $G_A(t)$，取样信号 $G_D^*(t)$ 必须有足够高的频率。可以证明，若连续信号是有限带宽，且所包含的频率分量的最大值为 ω_M，当采样频率 $\omega_s \geqslant 2\omega_M$ 时，原始连续信号完全可以用其采样信号来表征，或者说采样信号可以不失真地代表原始连续信号。

从采样周期的角度可以这样表述采样定理：若连续信号的最高频率为 ω_M，那么它完全可以用周期 $T \leqslant \pi/\omega_M$ 的均匀采样值来描述，即对于连续信号中所含的最高频率的正弦分量来讲，能够做到在 1 个采样周期内采样 2 次以上，那么经采样所得到的脉冲信号就包含了连续信号的全部信息。反之，如果采样次数太少（采样周期过大），则采样信号就不可能无失真地反映连续信号的特征。

图 2-3 展示了针对正弦信号，合适的采样频率和过低的采样频率得到的结果。

由于过低的采样频率下,采样间隔内的信息丢失太多,采样的结果往往展示出与原始信号完全不同的信号特征,这种现象被称为假频现象。

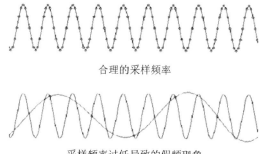

合理的采样频率

采样频率过低导致的假频现象

图 2 - 3　模数转换方法图解

2.1.3　传感器和模数转换

传感器能把被测物理量(如温度、压力、流量等)转换成电量,然后送到计算机进行处理。这些被测物理量一般都是模拟量,而计算机(包括单片机)只能处理数字量,因此在测量过程中需要进行模拟量到数字量的转换。

图 2 - 4 所示为计算机测量过程框图。该图给出了典型计算机测量系统中各个物理量之间的关系。

图 2 - 4　典型计算机测量系统信号变换结构图

2.2　数据采集卡与数据处理软件

2.2.1　SYSAM SP 5 数据采集卡

图 2 - 5 是 SYSAM SP 5 数据采集卡的接口示意图,其主要技术指标如下。
- 分辨率:12 位(0～4096)
- 8 个单输入通道或 4 个差分通道(可编程)
- 采样范围:±10 V
- 采样频率:1～4 通道,10 MHz
- 5～8 通道(单输入模式):500 kHz

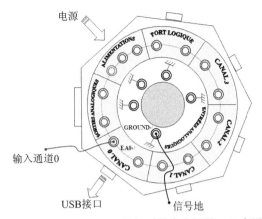

图 2 - 5　SYSAM SP 5 数据采集卡主要接口示意图

2.2.2　LATIS Pro 数据处理软件

与 SYSAM SP 5 数据采集卡配套的信号采集与处理软件为 LATIS Pro,其界面如图 2 - 6 所示。

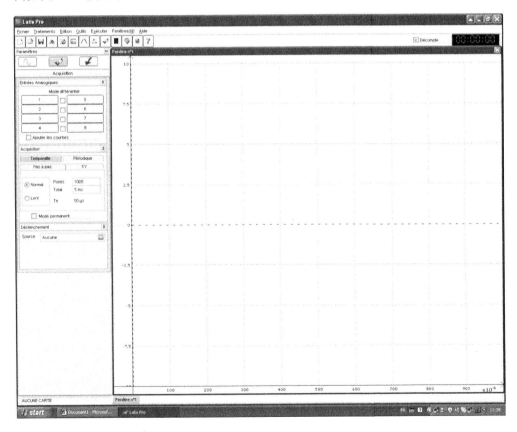

图 2 - 6　LATIS Pro 主窗口页面

　　LATIS Pro 是一款用于数据采集和处理的通用软件。软件界面简洁直观,被广泛用于物理和应用物理教学实验室中。LATIS Pro 提供非常详细和直接的采集程序,可以实现固定周期采集、固定步长采集、逐步采集、XY 采集等多种数据采集模式。自动采集模式下用户可以编程实现所有数据采集和处理功能。

　　LATIS Pro 软件和采集卡 SYSAM SP 5 配套使用。

2.3　信号采集与分析

2.3.1　搭建 *RC* 串联电路

　　按图 2 - 7 所示搭建 *RC* 串联电路。其中 $R=1$ kΩ, $C=0.2$ μF。信号发生器输出为: $E_m=2$ V, $f=1$ kHz。

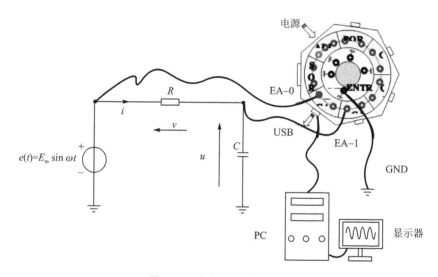

图 2 - 7　数据采集卡接线图

- 在电容 *C* 两端引出电压 $u(t)$,将其连接至采集卡 EA1 上;
- 信号发生器输出 $e(t)$ 两端接到采集卡 EA0 上。

2.3.2　信号采集

　　利用 LATIS Pro 软件采集信号数据时,需要作一些参数设置,如确定采样时刻、采样时长、采样频率等采样关键参数。

　　1) 首先在软件界面中,选择触发源(如选 EA0),触发电平为 E_L(如选 1 V),选择上升沿或者下降沿(如选上升沿 +)触发。

如果线路连接正确,按 F10 键可以启动信号采集。设按键的时间点为 t_{F10},信号将从 $t_i \geqslant t_{F10}$ 开始采集,此时信号电平为 $EA0(t) = e(t_i) = E_m \sin\omega t_i = E_L$,且在 t_i 时刻处于上升沿。

2)采样点数选择。若选择采样点数目为 N,采样从 t_i 开始,到 t_f 结束,总时间 $T_{total} = t_f - t_i$,那么也就确定了采样时间间隔为 $\Delta t = \dfrac{1}{f_S} = \dfrac{T_{total}}{N}$。

从 t_i 开始到 t_f 结束采集到的 N 个数据将被填写到 EA0 的数据表中。

3)选择合适的采样频率,在软件窗口上较好地显示出信号发生器两端和电容两端的电压(每条曲线 4 个周期)。

4)选择正确的采样参数,使得 EA0 通道能在屏幕上显示出如图 2-8 所示的曲线。

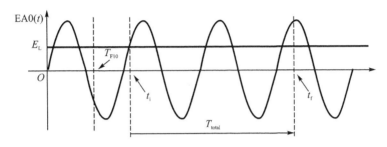

图 2-8　LATIS Pro 软件上 EA0 通道的信号波形

2.3.3　信号参数的测量和显示

1)选择 LATIS Pro 上的不同工具,测量 EA0 和 EA1 曲线的各种参数。

2)尝试设计一个李萨如(Lissajous)图(EA0 和 EA1),并利用图形来验证这个理论。

3)测量电容两端的电压以及与信号发生器输出电压的相位差。验证理论值和实际值的一致性。

4)尝试在图表上同时显示 EA0 和 EA1。

5)建立一个新变量 P 的计算表格:

$$P = e(t)i(t) = e(t)\frac{e(t) - u(t)}{R}$$

这个值代表信号发生器的瞬时电压值,请把其显示在屏幕上。

2.4 用 Maple 软件进行傅里叶谱和低通滤波器仿真分析

 相关理论

2.4.1 三角波函数

周期为 T,奇对称的三角波函数信号 $e(t)$ 的傅里叶级数展开形式可以表述为

$$e(t) = \sum_{p=0}^{+\infty} \frac{8E_m(-1)^p}{(2p+1)^2\pi^2} \sin(2_p+1)\omega_t, \quad \omega = \frac{2\pi}{T}$$

其中,E_m 是 $e(t)$ 的振幅。

考虑传递函数

$$\dot{H}(\omega) = \frac{\dot{s}}{\dot{e}}(\omega) = |\dot{H}(\omega)| \exp(\mathrm{j}\arg(\dot{H}(\omega))) = H(\omega)\exp(\mathrm{j}\Phi(\omega))$$

则

$$s(t) = \sum_{p=0}^{+\infty} \frac{8E_m(-1)^p}{(2p+1)^2\pi^2} H[(2p+1)\omega] \sin[(2p+1)\omega t + \Phi((2p+1)\omega)]$$

$$= \sum_{p=0}^{+\infty} B_{2p+1}(-1)^p \sin[(2p+1)\omega t + \Phi((2p+1)\omega)]$$

仿真分析

2.4.2 用 Maple 软件分析三角波函数

Maple 是常用的数学和工程计算软件之一,被广泛地应用于科学、工程和教育等领域。Maple 系统具有强大的符号计算、无限精度数值计算功能,内置超过 5 000 个计算命令,数学和分析功能覆盖几乎所有的数学分支,如微积分、线性代数、方程求解、积分和离散变换、张量分析、编码和密码理论等。

利用 Maple 软件,可以对周期为 T 的函数进行傅里叶谱分析。

(1) 傅里叶变换组分和频谱计算

```
＞restart:
＞a: = (n,f) ->if n = 0        then 1/T * int(f(t),t = -T/2..T/2)
                              else 2/T * int(f(t) * cos(n * omega * t),t = -T/2..T/2) fi:

＞b: = (n,f) ->2/T * int(f(t) * sin(n * omega * t),t = -T/2..T/2):
＞c: = (n,f) ->(a(n,f)^2 + b(n,f)^2)^(1/2):
```

```
>baton_a:=(n,f)->plot([[n,0],[n,a(n,f)]]):
>baton_b:=(n,f)->plot([[n,0],[n,b(n,f)]],color=blue):
>baton_c:=(n,f)->plot([[n,0],[n,c(n,f)]],axes=boxed):

>spectre_a:=(nmax,f)->[seq(baton_a(n,f),n=0..nmax)]:
>spectre_b:=(nmax,f)->[seq(baton_b(n,f),n=1..nmax)]:
>spectre_c:=(nmax,f)->[seq(baton_c(n,f),n=0..nmax)]:
```

（2）定义三角波函数

使用 Maple 软件,可通过如下程序定义一个周期为 T、交流、奇对称的三角波函数信号 triangle(t),其中：

周期以时间作为参考, $T=1$;波幅以电压为参考, $E=1$,结果如图 2 – 9 所示。

```
>triangle:=t->piecewise(t<=-T/4,-4*(t+T/2)/T,t<=T/4,4*t/T,-4*(t-T/
2)/T):
>T:=1;omega:=2*Pi/T:
>plot(triangle,-T/2..T/2);
```

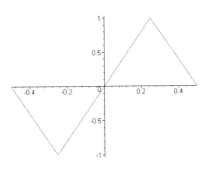

图 2 – 9 利用 Maple 软件实现的三角函数信号

（3）绘制三角波信号频谱图

利用下面程序可计算上面三角波信号的傅里叶谱,并绘制频谱图,如图 2 – 10 所示。

```
>plots[display](spectre_b(10,triangle));
```

（4）计算傅里叶系数

利用下面程序可得到傅里叶系数：

```
>liste_des_b:=[seq(B[n]=b(n,triangle),n=1..10)];
```

$$liste\_des\_b:=\left[B_1=8\frac{1}{\pi^2},B_2=0,B_3=-\frac{8}{9}\frac{1}{\pi^2},B_4=0,B_5=\frac{8}{25}\frac{1}{\pi^2},B_6=0,\right.$$
$$\left.B_7=-\frac{8}{49}\frac{1}{\pi^2},B_8=0,B_9=\frac{8}{81}\frac{1}{\pi^2},B_{10}=0\right]$$

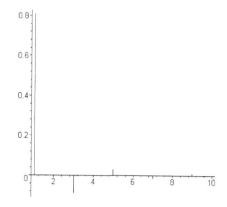

图 2 - 10   利用 Maple 软件得到的傅里叶谱

（5）三角波信号的重构

根据上面所得的 10 个傅里叶系数，对三角波信号进行重构，重构三角波信号如图 2 - 11 所示。

```
>F: = t->sum(b(n,triangle) * sin(n * omega * t),n = 1..10):
>plot(F, - T/2..T/2);
```

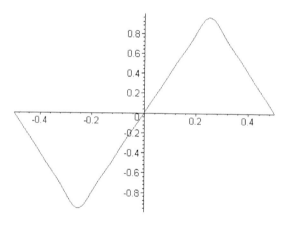

图 2 - 11   重构三角波信号

2.4.3   低通滤波器仿真

1）给出 RC 低通滤波器传递函数；

2）将上面得到的三角波函数作为 RC 低通滤波电路的输入；

3）绘制不同截止频率下，三角波信号经过 RC 低通滤波器后输出信号曲线，如图 2 - 12 所示。

对应 5 个不同的 $x = \dfrac{\omega}{\omega_0}$ 值,得到图 2-12 所示的 5 条曲线,其中 ω 是输入信号 $e(t)$ 的角频率,ω_0 是低通滤波的截止频率。

> H_RC: = x -> 1/(1 + I * x):
> G_RC: = x -> abs(H_RC(x)):
> phi_RC: = x -> argument(H_RC(x)):
> S: = (t,x) -> sum(G_RC(n * x) * b(n,triangle) * sin(n * omega * t + phi_RC(n * x)),n = 1..10):
> plot({seq(S(t,x),x = [0.1,0.5,1,10,100])},t = -T/2..T/2,y = -1..1);

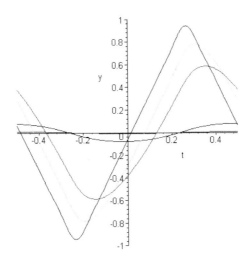

图 2-12　三角波信号经过 RC 低通滤波器后的输出信号波形

- 复制上述代码到一个空的 Maple 工作表,执行上述代码;
- 理解上述 Maple 程序代码以及得到的 5 条曲线的意义。

2.5　低通滤波器特性分析

在图 2-7 所示 RC 低通滤波电路中,调节信号发生器,使之输出三角波:

- 利用数据采集卡和 LATIS Pro 软件,采集信号发生器和电容两端电压信号;打开 LATIS Pro 软件傅里叶分析界面,如图 2-13 所示,作傅里叶谱计算。
- 与 Maple 仿真结果进行对比分析。

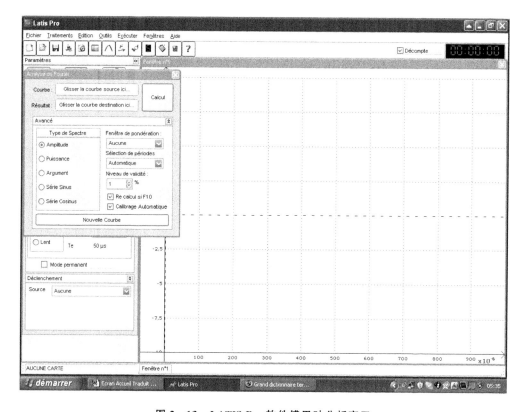

图 2 - 13   LATIS Pro 软件傅里叶分析窗口

第 3 章　无源低通和带通滤波器

在本实验中,将学习无源低通和带通滤波器的基本原理和设计方法,搭建基本电路进行测试和实验,并通过对比理论计算结果和测量值,深入理解滤波器的低通特性和带通特性。

3.1　*RC* 低通滤波器

图 3-1 为一个包含电阻 R 和电容 C 的简单电路,激励源为正弦波信号 $e(t)$,其峰值为 E_p,角频率为 ω,频率为 $f = \dfrac{\omega}{2\pi}$。

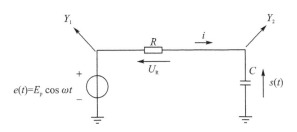

图 3-1　*RC* 串联电路

相关理论

对于图 3-1 所示电路,记复传递函数为 $\dot{H} = \dfrac{\dot{Y}_2}{\dot{Y}_1} = \dfrac{\dot{s}}{\dot{e}}$,利用复阻抗的分压关系可得

$$\dot{H} = \frac{\dfrac{1}{\mathrm{j}C\omega}}{\dfrac{1}{\mathrm{j}C\omega} + R} = \frac{1}{1 + \mathrm{j}RC\omega} = \frac{1}{1 + \mathrm{j}\dfrac{\omega}{\omega_0}} = \frac{1}{1 + \mathrm{j}\dfrac{f}{f_0}}$$

$$RC\omega_0 = 1, \qquad f = \frac{\omega}{2\pi}, \qquad f_0 = \frac{\omega_0}{2\pi}$$

其中,正弦波源处于稳定状态,一开始的瞬态响应已经消失。

3.1.1　幅频特性

1) 当 $f \to 0$,C 等价于电路开路,所以流过电容的电流是 0,并且电容两端的电压是 e,故 $|\dot{H}| \to 1$。

2) 当 $f \to +\infty$，C 等价于电路短路，所以电容两端的电压显然是 0，故 $|\dot{H}| \to 0$。

另外，也可由复传递函数表达式

$$|\dot{H}| = \left| \frac{1}{1 + \mathrm{j}\dfrac{\omega}{\omega_0}} \right| = \frac{1}{\sqrt{1 + \dfrac{f^2}{f_0^2}}}$$

可知，该函数幅值随频率增大而减小，故可判定：该滤波器是低通滤波器。

3) 半功率频率 f_c 的计算方法如下：

$$|\dot{H}|(f_c) = \frac{|\dot{H}|_{\max}(f)}{\sqrt{2}} = \frac{1}{\sqrt{1 + \dfrac{f_c^2}{f_0^2}}} = \frac{1}{\sqrt{1+1}} \Rightarrow f_c = f_0 = \frac{1}{2\pi RC}$$

实验时，若选 $R = 1\,000\ \Omega$，$C = 200\ \mathrm{nF}$，则有

$$f_c(1\,000\ \Omega, 200\ \mathrm{nF}) = \frac{1}{2\pi \times 10^3 \times 200 \times 10^{-9}} = \frac{10^4}{4\pi}\ \mathrm{Hz} = 796\ \mathrm{Hz} \approx 800\ \mathrm{Hz}$$

3.1.2　相频特性

当 $f = f_c$ 时，s 相对于 e 的相位为 φ，即 $Y_2(t)$ 相对于 $Y_1(t)$ 的相位，$\arg(\dot{H})$ 为

$$\dot{H}(f_c) = \frac{1}{1 + \mathrm{j}} \Rightarrow \arg(\dot{H}(f_c)) = -\arg(1 + \mathrm{j}) = -\frac{\pi}{4}$$

测量一下

搭建如图 3-1 所示电路，其中 $R = 10\ \mathrm{k}\Omega$，$C = 20\ \mathrm{nF}$，调节信号频率，使用 dB 表（万用表的 dB 挡）测量电容上的电压变化。

dB 表的参考电压取自于信号发生器的低频（$f \ll f_c$）信号，故可直接测量得到 $G_{\mathrm{dB}} = 20\log_{10}(|\dot{H}|)$。

3.1.3　用 Maple 软件模拟仿真

可以使用 Maple 软件来计算和绘制波特图：使用半对数图构造出纵坐标为幅度 G_{dB}，横坐标为 $\log_{10} f$，频率 $100\ \mathrm{Hz} \sim 100\ \mathrm{kHz}$ 的信号。

令 $10^y = x = f/f_c$，所以 $y = \log_{10}(f/f_c)$

Maple 的代码如下：

```
> restart;
> H_RC: = 1/(1 + I * 10^y):
> GdB_RC: = y ->20 * log[10](abs(H_RC)):
> phi_RC: = y ->argument(H_RC):
> plot(GdB_RC(y),y = - 2..2);
```

执行上述代码,可得信号图形如图 3-2 所示。

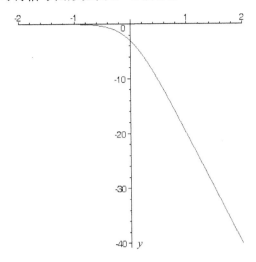

图 3-2　利用 Maple 软件得到的 RC 低通滤波器波特图

由图 3-2 可知,该图与上文描述信息相符。另外,若作一条 $G=-3$ dB 水平线,该水平线与曲线的交点就是通过实验测出的 f_c。

1) 当 $\Delta y=\Delta(\log_{10}(f/f_c))=1$ 时,频率以 10 的倍数增加,故有

$$G_{\mathrm{dB}}20\log_{10}\left(\frac{1}{\sqrt{1+10^{2y}}}\right), \quad y=10\log_{10}\left(\frac{f}{f_c}\right)\Rightarrow f\gg f_c, \quad G_{\mathrm{dB}}\approx 20\log_{10}\left(\frac{1}{\sqrt{10^{2y}}}\right)=20y,$$

$$\Delta G_{\mathrm{dB}}(\Delta y=1)=-20$$

当频率远远大于 f_c 时,波特图幅度的衰减斜率为每十倍频程 -20 dB。

2) 选择 f_1 远远大于 f_c 条件下,在图上测量 $f=f_1$ 和 $f=10\,f_1$ 时的 G_{dB},可直接测量确定衰减斜率的值。

3.1.4　利用"十格法"测量相位

下面将使用示波器和"十格法"测量当 $f=f_c$ 时,$Y_2(t)$ 相对于 $Y_1(t)$ 的相位,并将测量值和理论值相比较。

提示:计算 $s=Y_2$ 与 t 轴(见图 3-3)相交时跨过的方格数目。

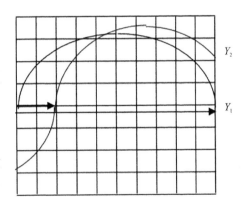

图 3-3　利用十格法测量相位图解

取 Y_1 的半周期在示波器 t 轴上为 10 个方格,所以 $180°=10$ 个方格,一个方格是 18°,图 3-3 中 Y_2 的相位相对于 Y_1 的相位差两个方格,即相位差为 $-36°$(负号代表 Y_2 滞后于 Y_1)。

3.2 RLC 串联带通滤波器

包含电阻 R、电容 C 和电感 L 的串联电路如图 3-4 所示,其输入电压为正弦波信号 $e(t)$,峰值为 E_p,角频率为 ω,频率为 $f=\dfrac{\omega}{2\pi}$。

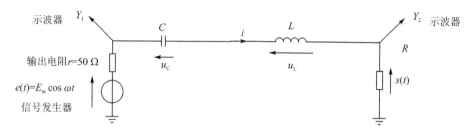

图 3-4 RLC 串联电路

相关理论

观察如图 3-4 所示电路,复传递函数记为

$$\dot{H}=\frac{\dot{Y}_2}{\dot{Y}_1}=\frac{\dot{s}}{\dot{e}}$$

利用复阻抗的分压关系,忽略信号源的输出电阻可得

$$\dot{H}=\frac{R}{R+\mathrm{j}L\omega+\dfrac{1}{\mathrm{j}C\omega}}=\frac{1}{1+\mathrm{j}\left(\dfrac{L\omega}{R}-\dfrac{1}{RC\omega}\right)}=\frac{1}{1+\mathrm{j}Q\left(\dfrac{\omega}{\omega_0}-\dfrac{\omega_0}{\omega}\right)}=\frac{1}{1+\mathrm{j}Q\left(\dfrac{f}{f_0}-\dfrac{f_0}{f}\right)}$$

$$Q=\frac{L\omega_0}{R}=\frac{1}{RC\omega_0},\quad LC\omega_0^2=1,\quad f=\frac{\omega}{2\pi},\quad f_0=\frac{\omega_0}{2\pi}$$

其中,正弦波源处于稳定状态,一开始的瞬态响应已经消失。

3.2.1 幅频特性

1) 当 $f\to 0$ 时,$|\dot{H}|\to 0$。这个很明显:此时 C 等价于开路,所以流过电阻的电流是 0,电阻两端的电压也是 0。

2) 当 $f\to +\infty$ 时,$|\dot{H}|\to 0$。L 等价于开路,所以流过电阻的电流是 0,电阻两端的电压也是 0。

通过分析复传递函数的表达式,可知

$$|\dot{H}|=\frac{1}{\sqrt{1+Q^2\left(\dfrac{f}{f_0}-\dfrac{f_0}{f}\right)^2}}\Rightarrow\frac{\mathrm{d}|\dot{H}|}{\mathrm{d}f}=-\frac{Q^2\left(\dfrac{f}{f_0}-\dfrac{f_0}{f}\right)\left(\dfrac{1}{f_0}+\dfrac{f_0}{f^2}\right)}{\left(1+Q^2\left(\dfrac{f}{f_0}-\dfrac{f_0}{f}\right)^2\right)^{\frac{3}{2}}}$$

3) 当 $f = f_0$ 时,它的导数是 0。当 $f < f_0$ 时导数是正的,当 $f > f_0$ 时导数是负的,因此这个函数一开始递增,之后又递减,所以这个滤波器是带通滤波器。

当 $f = f_0$ 时,$|\dot{H}|$ 取最大值为 1,可判定 $f = f_0 = f_r$ 是共振频率,即

$$f_r = f_0 \frac{1}{2\pi\sqrt{LC}}$$

若取 $L = 50$ mH,$C = 100$ nF,则有

$$f_r(50\ \text{mH}, 100\ \text{nF}) = \frac{1}{2\pi\sqrt{50 \times 10^{-3} \times 100 \times 10^{-9}}} = \frac{10^5}{2\pi\sqrt{50}} = 2\ 250\ \text{Hz}$$

3.2.2　相频特性

当 $f = f_c$ 时,s 相对于 e 的相位 φ 为 $\arg(\dot{H})$,表达式为

$$\dot{H}(f_c) = \frac{1}{1} \quad \Rightarrow \quad \arg(\dot{H}(f_c)) = \arg 1 = 0$$

测量一下

搭建如图 3 - 4 所示电路,其中 $R = 100\ \Omega$,$C = 100$ nF , $L = 50$ mH。

1) 使用示波器显示 Y_1 和 Y_2,确认其为带通滤波器;

2) 在示波器上显示 $Y_2(Y_1)$ 的李萨茹曲线,确定共振频率;

3) 使用分贝计(dB 表)测量共振峰。选择 $f = f_c$,测量共振峰 $G_{dB} = 20 \log_{10}(|\dot{H}|)$。

注意:理论上来说,当 $f = f_c$ 时,增益 $G_{dB} = 20 \log_{10}(|\dot{H}|) = 20 \log_{10}(1) = 0$。

但若测量得到 $G_{dB}(f_c) \neq 0$,也是合理的,这是因为实际的信号源是有内阻的,其值为 50 Ω,一般情况下,内阻 r 忽略不计。然而在共振频率处,整个电路的电阻 R 只要和 r 差别不大,则不能忽略 r。如对于 $R = 100\ \Omega$,此时的传递函数为

$$\dot{H} = \frac{R}{R + r + jL\omega + \dfrac{1}{jC\omega}} = \frac{1}{1 + \dfrac{r}{R} + j\left(\dfrac{L\omega}{R} - \dfrac{1}{RC\omega}\right)} =$$

$$\frac{1}{1 + \dfrac{r}{R} + jQ\left(\dfrac{\omega}{\omega_0} - \dfrac{\omega_0}{\omega}\right)} = \frac{1}{1 + \dfrac{r}{R} + jQ\left(\dfrac{f}{f_0} - \dfrac{f_0}{f}\right)}$$

$$\dot{H}(f_0 = f_c) = \frac{1}{1 + \dfrac{r}{R}} \neq 1 \Rightarrow G_{dB}(f_0 = f_c) = 20 \log_{10}|\dot{H}(f_0 = f_c)| =$$

$$-20 \log_{10}\left(1 + \dfrac{r}{R}\right) < 0$$

$$G_{dB}(f_0 = f_c) = -20 \log_{10}\left(1 + \dfrac{1}{2}\right) \approx -3.5$$

可见,当 R 较小时,信号源内阻带来的影响很大。

4)改变 R 的阻值到 $10 \text{ k}\Omega$,重新测量 $G_{\text{dB}} = 20 \log_{10}(|\dot{H}|)$。

根据上面的推导结果,可以得到

$$G_{\text{dB}}(f_0 = f_c) = -20\log_{10}\left(1 + \frac{50}{10\,000}\right) \approx -0.04$$

结果非常接近理论值。所以,在 R 较大的情况下,信号源内阻带来的影响可以忽略。

5)在示波器上观察当 $R = 100\ \Omega$ 和 $R = 10\ \text{k}\Omega$,在共振频率时,信号源输出电压与电阻 R 两端电压的差异。

6)尝试用信号发生器的扫频模式,观察电阻 R 两端和信号发生器输出电压信号的变化。要求扫频的中心频率接近共振频率。

3.2.3 带通滤波器的通带宽度

可通过下式计算出带宽:

$$|\dot{H}|(f_1) = |\dot{H}|(f_2) = \frac{|\dot{H}|_{\max}}{\sqrt{2}} = \frac{1}{\sqrt{\left(1 + \frac{r}{R}\right)^2 + Q^2\left(\frac{f}{f_0} - \frac{f_0}{f}\right)^2}} =$$

$$\frac{1}{\left(1 + \frac{r}{R}\right)\sqrt{2}} \Rightarrow \left(1 + \frac{r}{R}\right)^2 + Q^2\left(\frac{f}{f_0} - \frac{f_0}{f}\right)^2 = 2\left(1 + \frac{r}{R}\right)^2$$

$$Q^2\left(\frac{f}{f_0} - \frac{f_0}{f}\right)^2 = \left(1 + \frac{r}{R}\right)^2 \Rightarrow \frac{f}{f_0} - \frac{f_0}{f} = \pm\frac{1 + \frac{r}{R}}{Q} \Rightarrow f^2 \pm \frac{1 + \frac{r}{R}}{Q}ff_0 - f_0^2 = 0$$

$$f_2 = \frac{\frac{1 + \frac{r}{R}}{Q}f_0 + \sqrt{\left(\frac{1 + \frac{r}{R}}{Q}f_0\right)^2 + 4f_0^2}}{2}$$

$$f_1 = \frac{-\frac{1 + \frac{r}{R}}{Q}f_0 + \sqrt{\left(\frac{1 + \frac{r}{R}}{Q}f_0\right)^2 + 4f_0^2}}{2}$$

故有

$$|\dot{H}|(f_1) = |\dot{H}|(f_2) = \frac{|\dot{H}|_{\max}}{\sqrt{2}} = \frac{1}{\sqrt{\left(1 + \frac{r}{R}\right)^2 + Q^2\left(\frac{f}{f_0} - \frac{f_0}{f}\right)^2}} =$$

$$\frac{1}{\left(1 + \frac{r}{R}\right)\sqrt{2}} \Rightarrow \left(1 + \frac{r}{R}\right)^2 + Q^2\left(\frac{f}{f_0} - \frac{f_0}{f}\right)^2 = 2\left(1 + \frac{r}{R}\right)^2$$

$$Q^2\left(\frac{f}{f_0}-\frac{f_0}{f}\right)^2=\left(1+\frac{r}{R}\right)^2\Rightarrow\frac{f}{f_0}-\frac{f_0}{f}=\pm\frac{1+\dfrac{r}{R}}{Q}\Rightarrow f^2\pm\frac{1+\dfrac{r}{R}}{Q}ff_0-f_0^2=0$$

$$\Delta f=f_2-f_1=\frac{1+\dfrac{r}{R}}{Q}f_0\Rightarrow\frac{\Delta f}{f_0}=\frac{1+\dfrac{r}{R}}{Q}=\frac{R+r}{L\omega_0}$$

对于 $R=100\ \Omega$ 和 $R=1\ \mathrm{k}\Omega$，理论上有

$$\Delta f(R=100\ \Omega,r=50\ \Omega,L=50\ \mathrm{mH})=f_2-f_1=\frac{1+\dfrac{r}{R}}{Q}f_0\Rightarrow$$

$$\Delta f=\frac{1+\dfrac{r}{R}}{\dfrac{L\omega_0}{R}}f_0=\frac{(r+R)}{2\pi L}=\frac{50+100}{2\pi\times50\times10^{-3}}=\frac{3\ 000}{2\pi}\approx475\,\mathrm{Hz}$$

$$\Delta f(R=10\ 000\ \Omega,r=50\ \Omega,L=50\ \mathrm{mH})=$$

$$f_2-f_1=\frac{1+\dfrac{r}{R}}{Q}f_0\Rightarrow\Delta f=\frac{1+\dfrac{r}{R}}{\dfrac{L\omega_0}{R}}f_0=\frac{r+R}{2\pi L}=\frac{50+10000}{2\pi\times50\times10^{-3}}\approx32\ \mathrm{kHz}$$

此时

$$G_{\mathrm{dB}}(f_c)-G(f_1)=G_{\mathrm{dB}}(f_c)-G(f_2)=20\log_{10}|\dot H|(f_c)-20\log_{10}|\dot H|(f_1)=$$

$$20\log_{10}\frac{1}{\sqrt2}=-10\log_{10}2\approx-3\ \mathrm{dB}$$

上述结论给出了 Δf 被称为 3 dB 带宽的原因。

注意：$R=100\ \Omega$ 时共振峰很尖，电路对频率的选择性很强；与 $R=10\ \mathrm{k}\Omega$ 时的情况有很大差异。

请用 dB 表测量 -3 dB 时的带宽，并与上述理论计算结果进行比较。

3.2.4　利用 Maple 软件模拟仿真

可以用 Maple 编写程序，计算和显示不同 Q 值时的波特图，代码如下：

```
> restart:
> H_LCR: = 1/(1 + I * Q * (10^y - 1/10^y)):
> GdB_LCR: = (y,Q) ->20 * log[10](abs(H_LCR)):
> phi_LCR: = (y,Q) ->argument(H_LCR):
> plot([seq(GdB_LCR(y,Q),Q = [0.1,0.707,2,4])],y = -2..2,color = [black,blue,green,
red]);
```

图 3-5 为利用 Maple 软件得到的信号波特图。

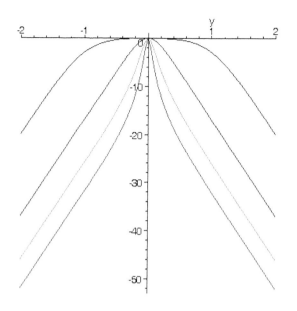

图 3－5　利用 Maple 软件得到 *LC* 串联电路信号波特图

3.3　*LC* 并联带通滤波器

观察如图 3－6 所示电路，复传递函数记为

$$\dot{H} = \frac{\dot{Y}_2}{\dot{Y}_1} = \frac{\dot{s}}{\dot{e}}$$

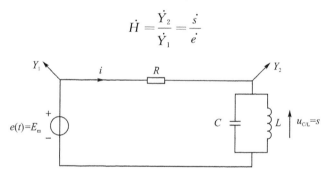

图 3－6　*LC* 并联电路

利用复阻抗的分压关系，忽略输出源的输出电阻可得

$$\dot{H} = \frac{\dot{Z}(L \mathbin{/\!\!/} C)}{\dot{Z}(L \mathbin{/\!\!/} C) + R} = \frac{1}{1 + R\dot{Y}(L \mathbin{/\!\!/} C)} = \frac{1}{1 + R(\dot{Y}(L) + \dot{Y}(C))} =$$

$$\frac{1}{1 + R\left(\dfrac{1}{\mathrm{j}L\omega} + \mathrm{j}C\omega\right)} = \frac{1}{1 + \mathrm{j}\left(RC\omega - \dfrac{R}{L\omega}\right)}$$

$$\dot{H} = \frac{1}{1 + jQ\left(\dfrac{\omega}{\omega_0} - \dfrac{\omega_0}{\omega}\right)} = \frac{1}{1 + jQ\left(\dfrac{f}{f_0} - \dfrac{f_0}{f}\right)}$$

$$Q = RC\omega_0 = \frac{R}{L\omega_0}, \quad LC\omega_0^2 = 1, \quad f = \frac{\omega}{2\pi}, \quad f_0 = \frac{\omega_0}{2\pi}$$

其中,正弦波源处于稳定状态,一开始的瞬态响应已经消失。

3.3.1　幅频特性

1) 当 $f \to 0$,$|\dot{H}| \to 0$。此时 L 等价于短路,所以电感(和电容)两端的电压是 0。

2) 当 $f \to +\infty$,$|\dot{H}| \to 0$。此时 C 等价于短路,所以电容(和电感)两端的电压是 0。

通过与上文相似的推导,可判定该滤波器是带通滤波器。当 $f = f_0 = f_r$ 时,可得共振频率为

$$f_r = \frac{1}{2\pi\sqrt{LC}}$$

3.3.2　相频特性

当 $f = f_c$ 时,s 相对于 e 的相位为 φ,即 $Y_2(t)$ 相对于 $Y_1(t)$ 的相位为 $\arg(\dot{H})$,即

$$\dot{H}(f_c) = \frac{1}{1} \quad \Rightarrow \quad \arg(\dot{H}(f_c)) = \arg 1 = 0$$

3.3.3　通带宽度

利用品质因数 $Q = \dfrac{R}{L\omega_r}$ 可以确定带通滤波器的带宽为

$$f = f_2 - f_1 = \frac{1}{Q}f_0 \Rightarrow \frac{\Delta f}{f_0} = \frac{1}{Q} = \frac{L\omega_0}{R} = \frac{L}{R}\frac{1}{2\pi\sqrt{LC}} = \frac{1}{2\pi R}\sqrt{\frac{L}{C}}$$

🔍 **测量一下**

搭建图 3-6 所示的电路,其中 $R = 10~\text{k}\Omega$,$C = 0.01~\mu\text{F}$,$L = 10~\text{mH}$。

理论上,共振频率 $f = f_0 = f_r$ 为

$$f_r = \frac{1}{2\pi\sqrt{LC}} = \frac{1}{2\pi\sqrt{10 \times 10^{-3} \times 0.01 \times 10^{-6}}} = \frac{10^5}{2\pi} = 16~000~\text{Hz} = 16~\text{kHz}$$

1) 在示波器上显示 Y_1 和 Y_2,验证该电路为带通滤波器。

2) 使用 dB 表,测量通过 $L // C$ 的电压,确定其共振频率。

由于 dB 表上的曲线关系是由信号源决定的,故可直接测量 $G_{dB} = 20\log_{10}(|\dot{H}|)$。

3) 使用半对数图构造幅度为 G_{dB}，横坐标为 $\log_{10} f$，频率 100 Hz～100 kHz 的信号，由此图测定共振频率的值。

4) 利用 Maple 软件模拟仿真。利用 Maple 软件编写程序，画出如图 3-7 所示的 LC 并联电路信号波特图。

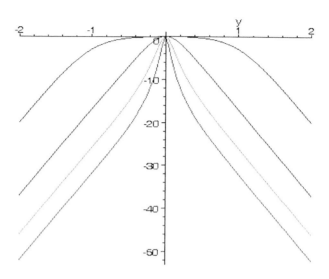

图 3-7 利用 Maple 软件得到 LC 并联电路信号波特图

3.3.4 通带特性分析

1) 当频率 f 远远大于或者小于共振频率时，通带曲线斜率 p 的计算方法为

$$|\dot{H}| = \frac{1}{\sqrt{1 + Q^2\left(\dfrac{f}{f_r} - \dfrac{f_r}{f}\right)^2}} = \frac{1}{\sqrt{1 + Q^2(10^y - 10^{-y})^2}}$$

$$f \gg f_r \Rightarrow 10^3 \gg 1 \Rightarrow |\dot{H}| \approx \frac{1}{Q10^y} \Rightarrow G_{dB} \approx -20y - 20\log_{10} Q$$

$$f \ll f_r \Rightarrow 10^{-y} \gg 1 \Rightarrow |\dot{H}| \approx \frac{1}{Q10^{-y}} \Rightarrow G_{dB} \approx +20y - 20\log_{10} Q$$

当 $\Delta y = \Delta(\log 10\,(f/f_c)) = 1$ 时，频率以 10 的倍数增加，故有

$$G_{dB} = 20\log_{10}\left(\frac{1}{\sqrt{1 + 10^{2y}}}\right), \quad y = 10\log_{10}\left(\frac{f}{f_c}\right) \Rightarrow$$

$$f \gg f_c, \quad G_{dB} \approx 20\log_{10}\left(\frac{1}{\sqrt{10^{2y}}}\right) = -20y$$

$$\Delta G_{dB}(\Delta y = 1) = -20$$

当频率远远小于 f_c，或远远大于 f_c 时，波特图幅度的衰减都是每 10 倍频程 -20 dB。

2）利用 dB 表测量 $f=f_1$ 和 $f=10\,f_1$ 情况下的 G_{dB}，并与上面的推导结果进行比较。

注意：在 f_1 远小于 f_r 和 f_1 远大于 f_r 两种条件下，选择合适的频率 f_1。

3）利用示波器和李萨茹图形，确定共振频率。

4）调整电阻 R 值至 $100\ \Omega$。用 dB 表测量 $G_{dB}(f_r)=20\,\log_{10}(|\dot H|(f_r))$，此时 RLC 电路位于共振点，电路阻抗趋于无穷大，此时信号源的输出阻抗相对于电路阻抗可忽略不计。

5）在示波器上观察，在 $R=100\ \Omega$ 和 $R=10\ k\Omega$ 情况下，共振频率时，信号源输出电压与电感（电容）两端电压的差异。

6）尝试用信号发生器的扫频模式，观察 $R=100\ \Omega$ 和 $R=10\ k\Omega$ 情况下，信号发生器输出电压信号的变化。要求扫频的中心频率接近共振频率。

思考：

• 串联 LC 电路与并联 LC 电路的共振频率与电阻有关吗？

• 在 R 较小的情况下，输出信号频率在共振频率附近时，对于串联 LC 电路与并联 LC 电路，信号发生器输出电压有何差异？为什么？

第4章 运算放大器特性参数测量
及线性电路研究

在本实验中,将介绍运算放大器的基本特性和基本电路。在了解其基本原理的基础上,搭建基本电路并测试;通过对测试结果的分析,验证运算放大器的特性参数,如输出饱和电流、压摆率、增益带宽积等。

4.1 运算放大器的基本特性

运算放大器(简称"运放")是具有很高放大倍数的电路单元,在实际电路中,通常结合反馈网络共同组成某种功能模块。它是一种带有特殊耦合电路及反馈的放大器,其输出信号可以是输入信号加、减、微分、积分等数学运算的结果。本实验使用 $\mu A741$ 型运算放大器,当其工作在线性区时,具有以下特性:

- 输入阻抗很大,输出阻抗极小。
- 虚短,同向输入端的电压等于反向输入端的电压,即 $V_+ = V_-$。
- 虚断,同向输入端的电压与反向输入端的电流都为零,即 $i_+ = i_- = 0$。

4.2 运算放大器基本电路

请按照电路实现→测试→结果对比与分析的顺序,分别实现对以下 6 种电路特性的测量和分析。

4.2.1 反向比例运算电路

(1)基本电路

🔘 相关理论

图 4-1 是一个反向比例运算电路的电路图,包含两个电阻 R_1 和 R_2,一个运放和一个信号发生器。信号发生器产生正弦交流信号 $e(t)$,峰值电压为 E_p,角频率为 ω,频率 $f = \omega/2\pi$。

当运放带有负反馈时,它工作在线性区,这样输入端电压 $V_+ = V_-$,即图 4-1 中 $\varepsilon(t) = 0$。

理想条件下的运放,输入电流 i_+ 和 i_- 都等于 0。

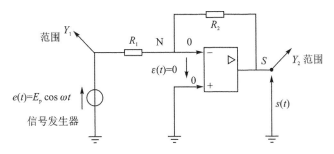

图 4 - 1　反向比例运算电路

（2）传递函数

对于运放的反向输入端，可结合米尔曼定律用 R_1 和 R_2 表示 s/e 的传递函数并解释电路名称。

假设 $\varepsilon(t)=0$，用米尔曼定律计算反向输入端的传递函数为

$$V_N = 0 \quad (\varepsilon = 0)$$

$$V_N = \frac{\dfrac{e}{R_1} + \dfrac{s}{R_2} - i_-}{\dfrac{1}{R_1} + \dfrac{1}{R_2}} = \frac{\dfrac{e}{R_1} + \dfrac{s}{R_2}}{\dfrac{1}{R_1} + \dfrac{1}{R_2}} = 0 \quad \Rightarrow \quad \frac{s}{e} = -\frac{R_2}{R_1}$$

若 $R_2 > R_1$，则该电路为放大电路，又因 s 和 e 极性相反，故称之为反向比例运算电路。

（3）信号测量

连接如图 4 - 1 所示电路，其中 $E_p = 1$ V，$f = 1$ kHz，$R_1 = 1$ kΩ，$R_2 = 5$ kΩ，然后把 $Y_1(t)$ 和 $Y_2(t)$ 接入示波器。

1）请将观测到的结果描绘在图 4 - 2 中，并记录此时的实验条件（示波器的参数）。

2）观察信号波形，测量输入输出比 Y_2/Y_1，并与理论值进行比较。

3）将 E_p 改为 5 V，观察信号波形，测量正负饱和电压。

理论上 $\dfrac{Y_{2,\max}}{Y_{1,\max}} = 5$，如果 $E_p = 5$ V，那么期望的结果应该是 $Y_{2,\max} = Y_{2p} = 5 \times 5 = 25$ V，但是结果显示，最大和最小输出电压绝对不会超出运放供电电压的范围，这个范围一般为±15 V。

4）把 R_2 的阻值改为 1 kΩ，显示 Y_1 和 Y_2 的李萨茹图形，请将观测到的结果描绘在图 4 - 3 中，并记录此时的实验条件（示波器的参数），测量斜率并与理论值比较。理论上，李萨如图形应为一条斜率等于 −1 的直线。

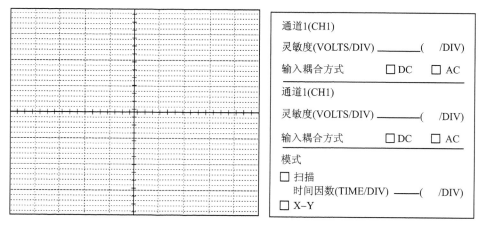

图 4 − 2　反向比例运放电路的信号波形

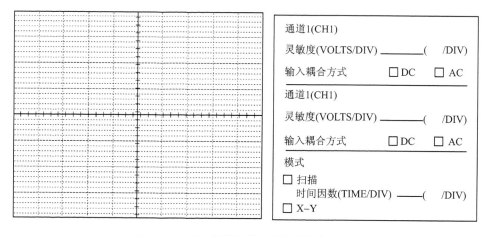

图 4 − 3　反向比例运放电路的李萨茹图形

4.2.2　反向求和运算电路

（1）基本电路

 相关理论

图 4-4 所示电路包含三个电阻 R_1、R_2 和 R_3，一个运放和两个信号发生器。两个信号发生器产生信号分别用电压 $e_1(t)$ 和 $e_2(t)$ 表示。

当运放带有负反馈时，它工作在线性区，这样输入端电压 $V_+ = V_-$，即图 4-4 中 $\varepsilon(t) = 0$。

理想条件下的运放，输入电流 i_+ 和 i_- 约等于 0。

（2）传递函数

对于反向输入端，结合米尔曼定律可计算输出电压 s 关于 $e_1(t)$，$e_2(t)$，R_1、R_2

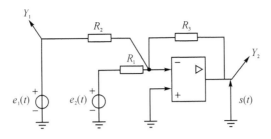

图 4 - 4　反向求和运算电路

和 R_3 的表达式。$\varepsilon = 0$,应用米尔曼定律可计算反向端(N 端)电压为

$$V_N = 0$$

$$V_N = \frac{\dfrac{e_1}{R_1} + \dfrac{e_2}{R_2} + \dfrac{s}{R_3} - i_-}{\dfrac{1}{R_1} + \dfrac{1}{R_2} + \dfrac{1}{R_3}} = \frac{\dfrac{e_1}{R_1} + \dfrac{e_2}{R_2} + \dfrac{s}{R_3}}{\dfrac{1}{R_1} + \dfrac{1}{R_2} + \dfrac{1}{R_3}} = 0 \quad \Rightarrow \quad s = -R_3\left(\frac{e_1}{R_1} + \frac{e_2}{R_2}\right)$$

如果 $R_3 > R_1$ 且 $R_3 > R_2$,这个电路放大 e_1 和 e_2,那么在 S 的表达式中,可以看到 e_1 和 e_2 前的符号为负,即电路将输入电压极性改变。很明显,此电路还实现了输入电压的代数求和,因此称之为反向求和运算电路。

测量一下

(3) 电路设计

1) 设计一个“直流＋交流”的求和电路(AC＋DC),输出可以用 $s(t) = E_0 + E_m \cos \omega t$ 表示,要求该电路中 E_0,E_m,ω 的值便于控制。

2) 基于三角函数方程

$$\cos a \cos b = \frac{1}{2}(\cos(a-b) + \cos(a+b))$$

设计一个产生输出电压为

$$s(t) = E_m \cos \omega_1 t \cos \omega_2 t$$

的电路,要求 $E_m = 2$ V。给定输入信号频率为 $f_1 = 100$ Hz, $f_2 = 1\,000$ Hz。

(4) 信号测量

用示波器观察实验结果,先显示 $e_1(t)$、$e_2(t)$,再显示 $s(t)$,请将观测到的结果描绘在图 4 - 5 中,并记录此时的实验条件(示波器的参数)。

请分析 $s(t)$ 的波形,并解释为什么输出信号 $s(t)$ 被称为调幅信号。

(5) 反向求和实现幅度调制

在反向求和运算电路中,令 $R_1 = R_2 = R_3 = R$,则 $s = -(e_1 + e_2)$。如果将输入改为两个交流信号

$$e_1 = E_m \cos(2\pi(f + \Delta f))t$$

$$e_2 = E_m \cos(2\pi(f - \Delta f))t$$

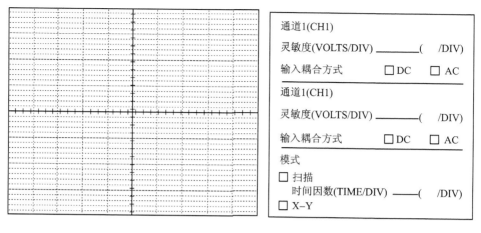

图 4 - 5 反向求和运算电路输出端观测到的波形

$$e_1 + e_2 = 2E_m \cos(2\pi ft) \cos(2\pi\Delta ft)$$

则有

$$s = -(e_1 + e_2) = -2E_m \cos(2\pi ft) \cos(2\pi\Delta ft)$$

选择 $f = 1\ 000$ Hz, $\Delta f = 900$ Hz, 可以得到

$$s = -(e_1 + e_2) = -2E_m \cos(2\pi 1\ 000t) \cos(2\pi 100t)$$

理论上, s 的波形如图 4 - 6 所示。

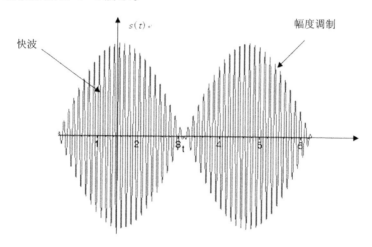

图 4 - 6 反向求和运算电路实现幅度调制

假设 $\dfrac{1}{f} \ll \Delta t \ll \dfrac{1}{\Delta f}$, 这是可能的, 因为 $\Delta f \ll f$。

在较短的时间间隔 $[t, t + \Delta t]$ 内, 上式中变化慢的部分基本保持为常数 $\cos(2\pi\Delta ft)$, 而变化快的部分则在 $+1$ 和 -1 之间快速振荡, 这样就形成了图 4 - 6 所示的波形在 $\cos(2\pi\Delta ft)$ 和 $-\cos(2\pi\Delta ft)$ 之间振荡的结果。从较长时间段内看,波形的轮廓反映出了变化慢的部分的变化情况,即幅度调制,所以信号 $S(t)$ 被称为调幅信号。

4.2.3　电压跟随电路

（1）基本电路

 相关理论

图 4-7 是一个简单的电压跟随电路,包含一个运算放大器和一个信号发生器。信号发生器产生交流正弦信号 $e(t)$,其峰值电压为 E_p,角频率为 ω,频率 $f=\dfrac{\omega}{2\pi}$。负载是一个可调电阻 R_u。

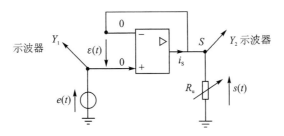

图 4-7　电压跟随电路

当运放带有负反馈时,它工作在线性区,这样输入端电压 $V_+=V_-$,即图 4-7 中 $\varepsilon(t)=0$。

理想条件下的运放,输入电流 i_+ 和 i_- 约等于 0。

$\varepsilon=0$,从电路图中可以看到

$$V_+=V_- \quad (\varepsilon=0) \quad \Rightarrow \quad V_+=e=V_-=s$$

即 s 跟随 $e(t)$,所以此电路称作电压跟随电路。

（2）输出饱和电流

根据欧姆定律有

$$i_s=\frac{s}{R_u}=\frac{e}{R_u}$$

电路最大输出电流 i_s 受到运放输出电流限制,变化范围不会超出运放最大输出电流,此电流由运放内部元件决定,一般为 ±25 mA。

通过减小 R_u,可以用示波器测量电流实际变化范围。

警告:当 R_u 过小时,运算放大器输出端对地短路,会烧毁运算放大器!

 测量一下

连接好图 4-7 所示电路,其中 $E_p=2$ V,$f=1$ kHz,$R_u=1$ kΩ,$R_2=5$ kΩ,将 $Y_1(t)$ 和 $Y_2(t)$ 接入示波器。

1) 请将观测到的结果描绘在图 4-8 中,并记录此时的实验条件(示波器的参数)。

2) 观察信号波形,测量输入输出比 Y_2/Y_1,并与理论值进行比较。

3) 将 R_u 调为 50Ω,显示 $Y_2(t)$,观察波形,从测量中推算输出饱和电流 $i_{s\max}$,并与该运放数据手册给出的理论值进行比较。

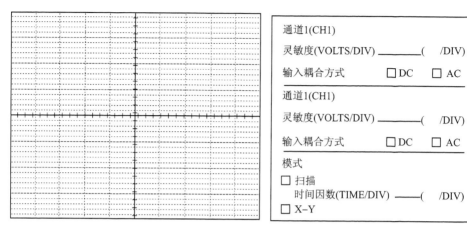

图 4-8 电压跟随电路中观测到的 $Y_1(t)$ 和 $Y_2(t)$ 波形图

提示:当 $R_u=50\ \Omega$ 时,电路最大输出电流 i_s 受到运放输出电流限制,达到了饱和值。只要 i_s(mA)达到饱和输出电流,输出电压 s 也就被限制在 $R_u i_{s\max}$。这样通过测量饱和输出电压 s,在已知 R_u 的情况下就可以知道饱和输出电流 $i_{s\max}$。

思考:实际测量时,如果用电阻箱作为 R_u,如何防止在操作过程中出现 R_u 过小(如小于 50 Ω)的情况发生?

4.2.4 缓冲器

(1) 基本电路

相关理论

图 4-9(c)中,包含一个跟随器、一个信号发生器。信号发生器产生交流正弦信号 $e(t)$,峰值电压为 E_p,角频率为 ω,频率 $f=\dfrac{\omega}{2\pi}$。

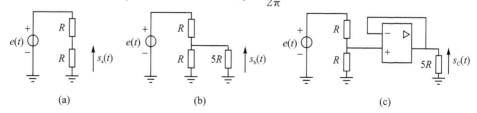

(a)   (b)   (c)

图 4-9 缓冲器电路

可计算得到上面三个电路的输出 $S_a(t)$，$S_b(t)$，$S_c(t)$ 分别为

$$s_a(t) = \frac{R}{R+R}e(t) = \frac{e(t)}{2}$$

$$s_b(t) = \frac{R \,/\!/\, 5R}{R \,/\!/\, 5R + R}e(t) = \frac{1}{1+\dfrac{R}{R \,/\!/\, 5R}}e(t) = \frac{1}{1+\dfrac{R}{\dfrac{R \times 5R}{R+5R}}}e(t) = \frac{1}{1+\dfrac{6}{5}}e(t) = \frac{5}{11}e(t)$$

$$S_c(t) = V_-^{\varepsilon=0} = V_+^{i=0} = \frac{R}{R+R}e(t) = \frac{e(t)}{2}$$

 测量一下

（2）信号测量

1）连接如图 4-9(a) 和 4-9(b) 所示的电路，其中 $E_p = 2\ \text{V}$，$f = 1\ \text{kHz}$，$R = 10\ \text{k}\Omega$。用电压表测量输出电压 E_p，S_{ap}，S_{bp}，并与理论值进行比较。

2）连接电路图 4-9(c)，$E_p = 2\ \text{V}$，$f = 1\ \text{kHz}$，$R = 10\ \text{k}\Omega$；用示波器显示 $e(t)_p$ 和 $S_c(t)$。

请将观测到的结果描绘在图 4-10 中，记录此时的实验条件（示波器的参数），并与理论值进行比较。

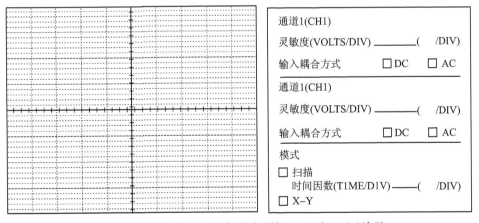

图 4-10 缓冲器电路图中观测到的 $e(t)_p$，和 $S_c(t)$ 波形

思考：为什么该电路被称为电压缓冲器？

为了给 $5R$ 的电阻提供 5 V 电压，供电电源（信号发生器）的电压需设置为 10 V。可以利用一个分压器，如图 4-9(a) 所示，则

$$s_a(t) = \frac{R}{R+R}e(t) = \frac{E}{2} = 5\ \text{V}$$

现在把这 5 V 电压直接供给 $5R$ 的电阻，如图 4-10(b) 所示，计算可得

$$s_b(t) = \frac{R \,/\!/\, 5R}{R \,/\!/\, 5R + R}E = \frac{5}{11}E = 4.5\ \text{V}$$

这是因为 $5R$ 负载的接入使得其两端电压下降。这该如何处理呢？

请观察图 4-10(c),可得

$$s_c(t) = V_-^{\varepsilon=0} = V_+^{i_+=0} = \frac{R}{R+R}E = \frac{E}{2} = 5 \text{ V}$$

刚好为负载提供 5 V 供电电压,这样电压跟随器被用作一个缓冲器,故又被称为"缓冲放大器"。

4.3 压摆率

1) 在图 4-7 所示的电路中,令信号发生器输出 $E_p = 10$ V,$f = 1$ kHz,在示波器上观察 $s(t)$ 的波形。输出是正弦波吗?

2) 调节信号发生器的输出频率,使 $f = 100$ kHz。输出还是正弦波吗? 如果不是,那像什么波?

请将观测到的结果描绘在图 4-11 中,并记录此时的实验条件(示波器的参数)。

3) 估算运放的压摆率。由 $V_+ = V_-$ ($\varepsilon = 0$)可推出

$$V_+ = e = V_- = s = E_p \sin 2\pi ft$$

但是需要注意,传输信号电压的最大变化率(ds/dt)即压摆率,不能超过运算放大器本身的性能参数范围值,该值通常在 $1V/\mu s$ 左右。可以通过增加输入信号频率 f 来估算其数值。

$$\frac{ds}{dt} = E_p 2\pi f \cos 2\pi ft$$

其最大值为 $E_p 2\pi f$。若 $E_p = 10$ V,$f = 100$ kHz,则 $E_p 2\pi f \approx 6.3 \times 10^6 \text{V/s} = 6.3$ V/μs,已经超出了所用运放的压摆率,所以 s 无法达到该变化率,导致正弦波变成了三角波。

4) 通过测量该三角波的斜率,得到压摆率,并与该运放数据手册给出的理论值进行比较。

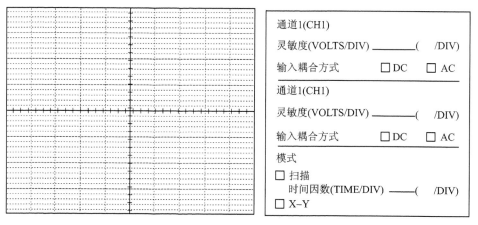

图 4-11 压摆率测量

4.4　增益带宽积

（1）同相放大电路

相关理论

图 4-12 是一个基本的同相放大电路，包含两个电阻 R_1 和 R_2，一个运放和一个信号发生器。信号发生器产生正弦交流信号 $e(t)$，峰值电压为 E_p，角频率为 ω，频率 $f = \dfrac{\omega}{2\pi}$。

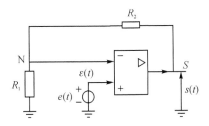

图 4-12　同相放大电路

现在使用稍微复杂一点的运算放大器模型（线性状态），其微分方程为

$$\tau_0 \frac{\mathrm{d}s(t)}{\mathrm{d}t} + s(t) = \mu_0 \varepsilon(t)$$

此处，μ_0 不是无穷大，τ_0 也不为 0。比较典型的值是 $\mu_0 \approx 10^5$，$\tau_0 \approx 10^{-1}$ s。

（2）增益带宽积

理想条件下的运放，输入电流 i_+ 和 i_- 约等于 0。

假设 ε 不等于 0，利用米尔曼定律计算 N 端电压 V_N 为

$$V_N = e - \varepsilon = \frac{\dfrac{0}{R_1} + \dfrac{s}{R_2} - 0}{\dfrac{1}{R_1} + \dfrac{1}{R_2}} = \frac{R_1}{R_1 + R_2} s \quad \Rightarrow \quad \varepsilon = e - \frac{R_1}{R_1 + R_2} s$$

$$\tau_0 \frac{\mathrm{d}s}{\mathrm{d}t} + s = \mu_0 \varepsilon = \mu_0 \left(e - \frac{R_1}{R_1 + R_2} s \right) \quad \Rightarrow \quad \tau_0 \frac{\mathrm{d}s}{\mathrm{d}t} + s \left(1 + \mu_0 \frac{R_1}{R_1 + R_2} \right) = \mu_0 e$$

这表明它是一种低通滤波器，其截止频率的定义为

$$|\dot{H}(f_c)| = \frac{|\dot{H}(f)|_{\max}}{\sqrt{2}}$$

定义滤波器的带宽为 $\Delta f = f_c - 0 = f_c$，静态增益为 $G_s = |\dot{H}(f)|_{\max} = |\dot{H}(f=0)|$，可以得到其增益带宽积 $G_s \times \Delta f$。

在稳态下可得到

$$\dot{H} = \frac{\dot{s}}{\dot{e}} = \frac{\mu_0}{1 + \mu_0 \dfrac{R_1}{R_1 + R_2} + j\omega\tau_0} = \frac{\dfrac{\mu_0}{1 + \mu_0 \dfrac{R_1}{R_1 + R_2}}}{1 + j\omega \dfrac{\tau_0}{1 + \mu_0 \dfrac{R_1}{R_1 + R_2}}} = \frac{H_0}{1 + j\omega\tau}$$

$$H_0 = \frac{\mu_0}{1 + \mu_0 \dfrac{R_1}{R_1 + R_2}}$$

$$\tau = \frac{\tau_0}{1 + \mu_0 \dfrac{R_1}{R_1 + R_2}}$$

这是一个低通滤波器,截止频率为

$$f_c = \frac{1}{2\pi\tau} = \frac{1 + \mu_0 \dfrac{R_1}{R_1 + R_2}}{2\pi\tau_0}$$

增益为

$$G = H_0 = \frac{\mu_0}{1 + \mu_0 \dfrac{R_1}{R_1 + R_2}}$$

所以,增益带宽积为

$$Gf_c = H_0 f_c = \frac{\mu_0}{1 + \mu_0 \dfrac{R_1}{R_1 + R_2}} \times \frac{1 + \mu_0 \dfrac{R_1}{R_1 + R_2}}{2\pi\tau_0} = \frac{\mu_0}{2\pi\tau_0}$$

可见 R_1, R_2,或者 R_1 和 R_2 都改变时,增益带宽积不变,说明增益带宽积为常数,只与器件本身性能参数有关,与放大倍数无关!

该运放的增益带宽积可以从数据手册中查到。

测量一下

连接图 4 - 12 所示的电路,$R_1 = 1\ \text{k}\Omega$,$R_2 = 10\ \text{k}\Omega$。令信号发生器输出为 $E_p = 1\ \text{V}$,$f = 1\ \text{kHz}$,将 $e(t)$ 和 $s(t)$ 分别接到示波器 $Y_1(t)$ 和 $Y_2(t)$ 显示。

1) 请将观测到的结果描绘在图 4 - 13 中,并记录此时的实验条件(示波器的参数);

2) 请观察波形,测量输出输入比 $Y_{2\,\text{max}}/Y_{1\,\text{max}}$,并与理论值进行比较;

3) 将 E_p 设置为 5 V,重复上述操作。

(3) 实验验证增益带宽积 $G * \Delta f$ 为常数

首先,在 $f \ll f_c$ 时,测量静态增益 G,即

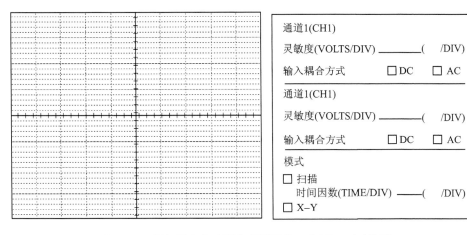

通道1(CH1)

灵敏度(VOLTS/DIV) _____ (　/DIV)

输入耦合方式　　　□ DC　□ AC

通道1(CH1)

灵敏度(VOLTS/DIV) _____ (　/DIV)

输入耦合方式　　　□ DC　□ AC

模式

□ 扫描
　　时间因数(TIME/DIV) _____ (　/DIV)
□ X–Y

图 4 - 13　同相放大电路图中观测到的 $Y_1(t)$ 和 $Y_2(t)$ 波形

$$G = H_0 = \cfrac{\mu_0}{1 + \mu_0 \cfrac{R_1}{R_1 + R_2}} = |\,\dot{H}\,| \quad (f \ll f_c)$$

然后增大信号频率,直到放大倍数等于静态增益 $G/\sqrt{2}$,记录下当时的频率,即为截止频率 f_c。

最后在低频下($f \ll f_c$)通过改变 R_1 改变增益 G_s,然后测量在此增益下的截止频率 f_c,通过一系列的测量,可以证明增益带宽积为一常数。

请设计测量增益带宽积的表格,并给出测量结果,与数据手册中查到的理论值进行比较。

4.5　反相积分电路

(1) 基本电路

相关理论

图 4 - 13 是一个反向积分电路,包含一个电阻 R,一个电容 C,一个运放和一个信号发生器。信号发生器产生一个方波信号。

在节点 N(反向端)处,应用米尔曼定律,通过计算可知

$$0 = V_+ = V_- = \cfrac{\cfrac{e}{R} + Cps - 0}{\cfrac{1}{R} + Cp}, \quad e = -RCps, \quad s = -\frac{1}{RC}\frac{e}{p}$$

故

$$s(t) = -\frac{1}{RC}\int e(t)\,\mathrm{d}t$$

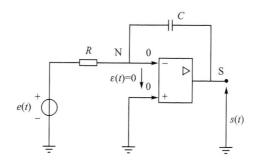

图 4 - 14 反向积分电路图

由上式可知,这是一个反向积分电路。

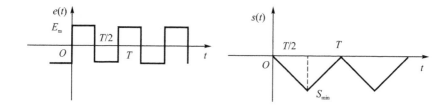

图 4 - 15 反向积分器电路图中的输入信号和输出信号

输入方波信号经过积分后,得到图 4 - 15 所示的锯齿波信号,即

$$S_{\min} = -\frac{E_{\mathrm{m}}}{RC}\frac{T}{2}$$

峰-峰电压值为

$$S_{\mathrm{pp}} = 2\,|\,S_{\min}\,| = \frac{E_{\mathrm{m}}}{RC}T$$

（2）设计和测量

连接图 4 - 14 所示反向积分电路,调节输入信号、电阻、电容的取值,得到一个频率为 1 kHz,峰-峰值为 1 V 的对称锯齿波发生器。

请将观测到的结果描绘在图 4 - 16 中,并记录此时的实验条件(示波器的参数)。

得到上述结果时,信号发生器参数和电阻电容值分别为:

方波 E_{m} _____ V, R _____ kΩ, C _____ nF

思考:如果希望输出非对称锯齿波,该怎么实现?

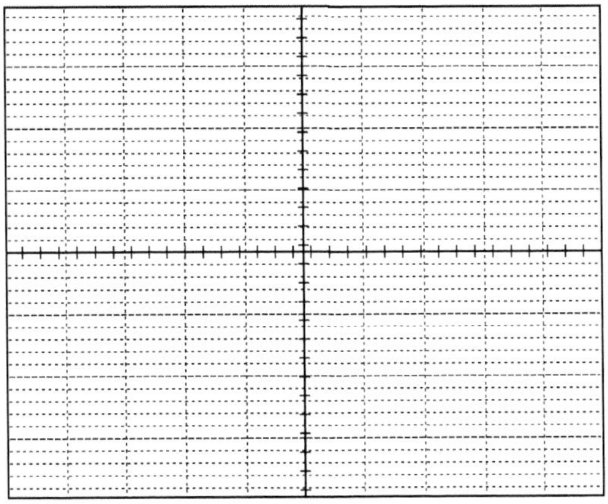

通道1(CH1)

灵敏度(VOLTS/DIV) _____(　/DIV)

输入耦合方式　　　　□ DC　　□ AC

通道1(CH1)

灵敏度(VOLTS/DIV) _____(　/DIV)

输入耦合方式　　　　□ DC　　□ AC

模式

□ 扫描
　　时间因数(TIME/DIV) _____(　/DIV)
□ X–Y

图 4 – 16　反向积分器电路图中观测到的对称锯齿波

第5章　运算放大器非线性电路研究

在本实验中,将要了解非线性运算放大器的特性及应用,包括比较器电路、波形产生电路等。在原理介绍的基础上,搭建基本电路图,并进行测试和实验。

运算放大器的非线性特性是指运放在开环或加上正反馈电路后的工作状态。在非线性应用方式下,运放的输入端没有"虚短"的特性,其输入输出信号不再满足线性关系。

5.1　比较器电路

（1）基本电路图

相关理论

图 5-1 是一个无反馈的运算放大器电路。信号发生器产生正弦交流信号 $e(t)$,其峰值电压为 E_p,角频率为 ω,频率 $f = \dfrac{\omega}{2\pi}$。

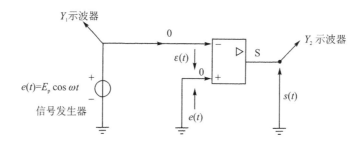

图 5-1　比较器电路图

在无反馈情况下,当同向输入端的电压 V_+ 略大于反向输入端的电压 V_- 时,由于开环电压放大倍数极高,输出电压 $s(t)$ 达到饱和状态,$s(t) = V_{sat}$。同理,当同向输入端的电压 V_+ 略小于反向输入端的电压 V_- 时,输出电压 $s(t)$ 会从 $+V_{sat}$ 跳变到 $-V_{sat}$。

这种跳变不是瞬时的,需要一定的时间。那么,定义转换速率（压摆率）v_b,其中 $\left|\dfrac{ds}{dt}\right| \leqslant v_b$。一般情况下,其典型值近似为 1 V/μs。

测量一下

（2）性能观察

连接如图 5-1 所示的电路，使 $E_p = 10$ V，$f = 1$ kHz，直流稳压电源给出的电压 $e(t) = 0$ V。

请用示波器显示 $Y_1(t)$ 和 $Y_2(t)$ 的波形，将观测到的结果描绘在图 5-2 中，并记录此时的实验条件（示波器的参数）。

改变 $e(t)$ 的取值，观察波形的变化。注意 s 跳变时对应的 $e(t)$ 的值。回想一下估算转换速率的经验并测量转换速率。

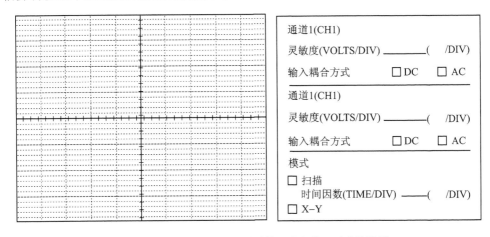

图 5-2　比较器电路中观测到的 $Y_1(t)$ 和 $Y_2(t)$ 的波形

由于 $\varepsilon = V_+ - V_- = -e(t)$，那么，通过逻辑等式 $s(t) = V_{sat}$ Signum(ε) 可以推出

$$[s(t) = V_{sat} \mid e(t) < 0]$$

或　　　$$[s(t) = -V_{sat} \mid e(t) > 0]$$

进一步画出 $s(e)$，如图 5-3 所示。

将示波器设为扫描模式，显示输出端电压，可以得到如图 5-4 所示的曲线。

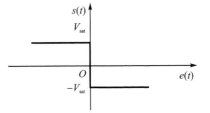

图 5-3　比较器输出电压与输入电压关系曲线

不断增大信号 $e(t)$ 的频率 f，那么 $s(t)$ 从 V_{sat} 跳变到 $-V_{sat}$ 的时间大大缩短，最后出现图 5-5 所示的结果。这个三角波的斜率表示出了转换速率。

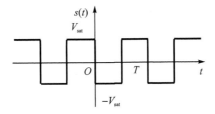

图 5-4　低频输入条件下比较器输出电压随时间变化曲线

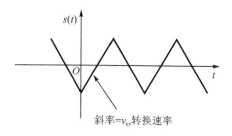

斜率=ν_b,转换速率

图 5-5　高频输入条件下比较器输出电压随时间变化曲线

（3）输入输出特性观察

选取两个新的 f 值，一个低频（1 Hz 左右）和一个高频（100 kHz 左右）。请将观测到的结果描绘在图 5-6 中，并记录此时的实验条件（示波器的参数），对 f 的两个值，分别显示李萨茹曲线并解释其形状。

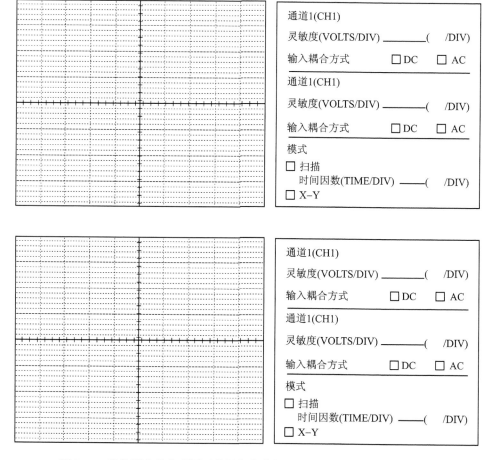

图 5-6　比较器电路中观测到的低频和高频下的 $s(t)$ 和 $e(t)$ 李萨如曲线

5.2 施密特触发器

（1）基本电路图

相关理论

图 5-7 所示的电路，由一个带正反馈的运算放大器，两个电阻 R_1，R_2 和一个信号发生器组成。该信号发生器产生正弦交流信号 $e(t)$，其峰值电压为 E_p，角频率为 ω，频率 $f = \dfrac{\omega}{2\pi}$。

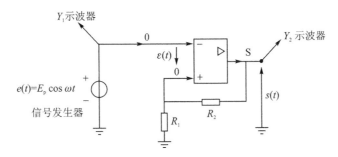

图 5-7 施密特触发器电路

在无反馈情况下，当同向输入端的电压 V_+ 略大于反向输入端的电压 V_- 时，由于开环电压放大倍数极高，输出电压 $s(t)$ 达到饱和状态 $s(t) = V_{sat}$。

同理，当同向输入端的电压 V_+ 略小于反向输入端的电压 V_- 时，输出电压 $s(t)$ 从会从 $+V_{sat}$ 跳变到 $-V_{sat}$。

根据米尔曼定律，图 5-7 中 $\varepsilon(t) = \dfrac{R_1}{R_1 + R_2} s(t) - e(t)$。那么，通过逻辑等式 $s(t) = V_{sat} \mathrm{Signum}(\varepsilon)$ 可以推出

$$\left[s(t) = V_{sat} \mid e(t) < \frac{R_1}{R_1 + R_2} V_{sat} \right] \text{ 或 } \left[s(t) = -V_{sat} \mid e(t) > -\frac{R_1}{R_1 + R_2} V_{sat} \right]$$

图 5-8 斯密特触发器输出电压与输入电压关系曲线

输出电压在以下情况下会发生跳变：

- $e(t)$增大到$E_2 = \dfrac{R_1}{R_1 + R_2}V_{\text{sat}}$;

- $e(t)$减小到$E_1 = -\dfrac{R_1}{R_1 + R_2}V_{\text{sat}}$。

E_1和E_2(其中$E_1 < E_2$)是$e(t)$的阈值电压。

思考: 在R_1和地之间加一个电压为E_0的电池,结果会怎样?

(2) 加偏置电压的施密特触发器电路

如图5-9所示,增加偏置电压后,$e(t)$的新的阈值电压E_1'和E_2'(其中$E_1' < E_2'$)又是多少? 请描述跳变过程。

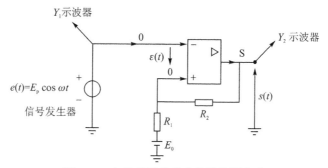

图5-9 加偏压后的施密特触发器电路

$$\varepsilon(t) = \frac{\dfrac{E_0}{R_1} + \dfrac{s(t)}{R_2} - 0}{\dfrac{1}{R_1} + \dfrac{1}{R_2}} = \frac{R_2 E_0 + R_1 s(t)}{R_1 + R_2} - e(t)$$

那么,通过逻辑等式$s(t) = V_{\text{sat}}\,\text{Signum}(\varepsilon)$可以推出

$$\left[s(t) = V_{\text{sat}} \mid e(t) < \frac{R_2 E_0 + R_1 V_{\text{sat}}}{R_1 + R_2} = E_2'\right] \text{ 或 } \left[s(t) = -V_{\text{sat}} \mid e(t) > \frac{R_2 E_0 - R_1 V_{\text{sat}}}{R_1 + R_2} = E_1'\right]$$

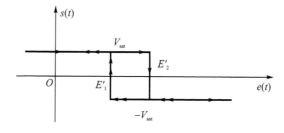

图5-10 加偏压后施密特触发器输出电压与输入电压关系曲线

输出电压在以下情况下将发生跳变:

- $e(t)$增大到E_2';

- $e(t)$减小到E_1'。

E_1' 和 E_2'(其中 $E_1' < E_2'$)是 $e(t)$ 的阈值电压。

（3）基本特性观察

搭建图 5 - 7 所示的电路,使 $E_p = 10$ V, $f = 1$ kHz, $R_1 = R_2 = 1$ kΩ,并显示 $Y_1(t)$ 和 $Y_2(t)$ 的波形,请将观测到的结果描绘在图 5 - 11 中,并记录此时的实验条件(示波器的参数)。

注意: s 跳变时 $Y_1(t) = e(t)$ 相应的值 E_1 和 $E_2(E_1 < E_2)$,与理论值进行比较。

• 将 R_2 替换为 $R_2 = 3$ kΩ,再观察波形,并请将观测到的结果描绘在图 5 - 11 中。

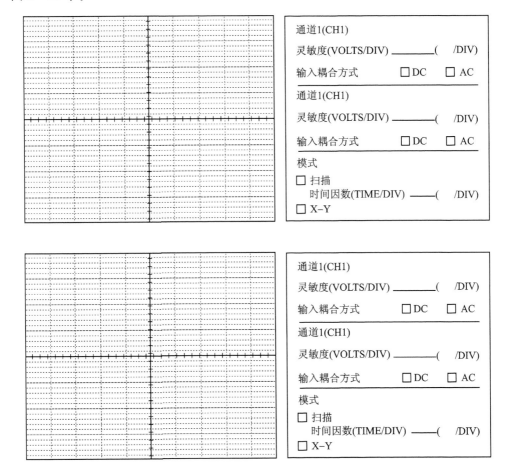

图 5 - 11　从施密特触发器观测到的 $Y_1(t)$ 和 $Y_2(t)$ 的波形

• 选取两个新的 f 值,一个低频(1 Hz 左右)和一个高频（100 kHz 左右）。请将观测到的结果描绘在图 5-12 中,并记录此时的实验条件(示波器的参数)。对 f 的两个值,分别显示李萨茹曲线并解释其形状。

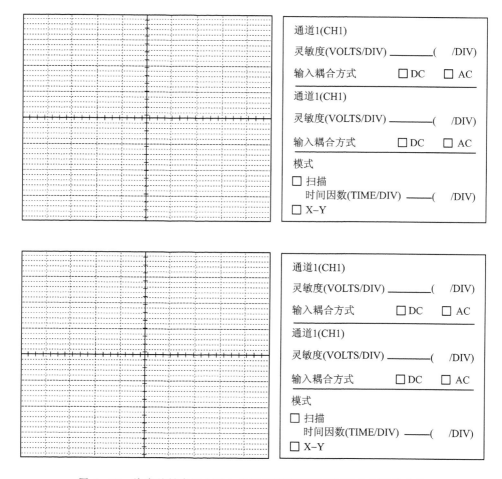

图 5-12 施密特触发器在输入为低频和高频下观测到的李萨茹曲线

李萨茹曲线就是前面介绍的 $s(e)$ 图。如果频率等于 1 Hz,可以沿着曲线上的点确认当前点和滞后现象,随着频率的增加图形有点变形。

（4）加偏压后的特性观察

搭建图 5-9 电路,使 $E_0 = 1.5$ V,$E_p = 5$ V,$f = 1$ kHz,并显示 $Y_1(t)$ 和 $Y_2(t)$ 的波形。请将观测到的结果描绘在图 5-13 中,并记录此时的实验条件(示波器的参数)。

注意:s 跳变时 $Y_1(t) = e(t)$ 相应的新值 E_1' 和 E_2' $(E_1' < E_2')$,与理论值进行比较。

经计算,输出电压将在以下情况下跳变:

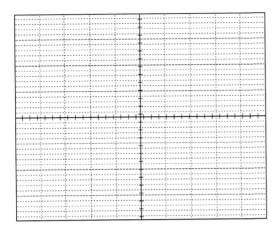

通道1(CH1)		
灵敏度(VOLTS/DIV) _____(/DIV)		
输入耦合方式	□ DC	□ AC
通道1(CH1)		
灵敏度(VOLTS/DIV) _____(/DIV)		
输入耦合方式	□ DC	□ AC
模式		
□ 扫描		
时间因数(TIME/DIV) _____(/DIV)		
□ X–Y		

图 5 - 13　加偏压后施密特触发器 $Y_1(t)$ 和 $Y_2(t)$ 波形的李萨茹曲线

- $e(t)$ 增加到 $E_2' = \dfrac{R_2 E_0 + R_1 V_{sat}}{R_1 + R_2}$；

- $e(t)$ 减小到 $E_1' = \dfrac{R_2 E_0 - R_1 V_{sat}}{R_1 + R_2}$。

E_1' 和 E_2'（$E_1' < E_2'$）是 $e(t)$ 的新阈值电压。

（5）非反向施密特触发电路

搭建图 5 - 14 所示的电路,其中 $R_1 = R_2 = 1\ k\Omega$, $E_p = 5\ V$, $f = 1\ kHz$。显示李萨茹曲线,描述其图形；请将观测到的结果描绘在图 5 - 15 中,并记录此时的实验条件(示波器的参数)。

请把记录的结果与图 5 - 11 所示的情况进行比较。

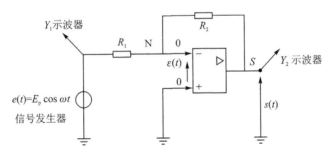

图 5 - 14　非反向施密特触发器电路

由于

$$\varepsilon(t) = \frac{\dfrac{e(t)}{R_1} + \dfrac{s(t)}{R_2}}{\dfrac{1}{R_1} + \dfrac{1}{R_2}} = \frac{R_2 e(t) + R_1 s(t)}{R_1 + R_2}$$

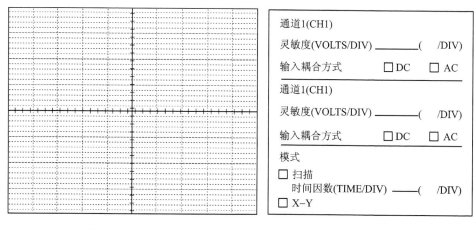

通道1(CH1)		
灵敏度(VOLTS/DIV) _____(/DIV)		
输入耦合方式	☐ DC	☐ AC
通道1(CH1)		
灵敏度(VOLTS/DIV) _____(/DIV)		
输入耦合方式	☐ DC	☐ AC
模式		
☐ 扫描		
时间因数(TIME/DIV) ——(/DIV)		
☐ X–Y		

图 5 - 15　非反向施密特触发器电路中观测到的李萨茹曲线

那么，通过逻辑等式 $s(t)=V_{\text{sat}}\text{Signum}(\varepsilon)$ 可以推出

$$\left[s(t)=V_{\text{sat}} \mid e(t)>-\frac{R_1}{R_2}V_{\text{sat}}=E_1\right] \quad \text{或} \quad \left[s(t)=-V_{\text{sat}} \mid e(t)<\frac{R_1}{R_2}V_{\text{sat}}=E_2\right]$$

输出电压在以下情况下跳变：

- $e(t)$ 增大到 E_2；
- $e(t)$ 减小到 E_1。

E_1 和 E_2（其中 $E_1<E_2$）是 $e(t)$ 的新的阈值电压。

5.3　单稳态振荡器

（1）基本电路

相关理论

图 5 - 16 所示是一个波形产生电路，由一个运算放大器，三个电阻 R，R_1，R_2 和一个电容 C 组成。这个运算放大器用到了双反馈。

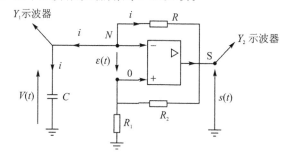

图 5 - 16　单稳态振荡器电路

这个运放是工作在饱和区的,所以 $s(t) = \mathrm{Signum}(\varepsilon)V_{\mathrm{sat}}$。

电容两端的电压 $V(t)$ 的常微分方程为

$$RC\frac{\mathrm{d}V}{\mathrm{d}t} + V = s$$

那么,可以推出

$$\left(s = V_{\mathrm{sat}} \mid \varepsilon = \frac{R_1}{R_1+R_2}V_{\mathrm{sat}} - V > 0\right) 或 \left(s = -V_{\mathrm{sat}} \mid \varepsilon = -\frac{R_1}{R_1+R_2}V_{\mathrm{sat}} - V < 0\right)$$

$$s = V_{\mathrm{sat}} \Rightarrow RC\frac{\mathrm{d}V}{\mathrm{d}t} + V = V_{\mathrm{sat}} \Rightarrow V(t) = V_{\mathrm{sat}} + A\exp\left(-\frac{t}{RC}\right)$$

$$s = -V_{\mathrm{sat}} \Rightarrow RC\frac{\mathrm{d}V}{\mathrm{d}t} + V = -V_{\mathrm{sat}} \Rightarrow V(t) = -V_{\mathrm{sat}} + B\exp\left(-\frac{t}{RC}\right)$$

$$V(t_0^-) = V(t_0^+)$$

注意：电容两端的电压 V 是 t 的函数,式中的 A 和 B 由初始条件决定。

(2) 特性分析

假定

$$s(t = 0^+) = V_{\mathrm{sat}}, V(0^+) = -\frac{R_1}{R_1+R_2}V_{\mathrm{sat}}$$

这是符合逻辑的,因为

$$\varepsilon(t = 0^+) = \frac{R_1}{R_1+R_2}V_{\mathrm{sat}} - \left(-\frac{R_1}{R_1+R_2}V_{\mathrm{sat}}\right) = 2\frac{R_1}{R_1+R_2}V_{\mathrm{sat}} > 0$$

可以解出 A, $V(t)$, $\varepsilon(t)$,即

$$-\frac{R_1}{R_1+R_2}V_{\mathrm{sat}} = V_{\mathrm{sat}} + A \Rightarrow A = -\frac{2R_1+R_2}{R_1+R_2}V_{\mathrm{sat}}$$

$$s = V_{\mathrm{sat}} \mid V(t) = V_{\mathrm{sat}}\left(1 - \frac{2R_1+R_2}{R_1+R_2}\exp\left(-\frac{t}{RC}\right)\right)$$

$$\varepsilon(t) = \frac{R_1}{R_1+R_2}V_{\mathrm{sat}} - V(t) =$$

$$\frac{R_1}{R_1+R_2}V_{\mathrm{sat}} - V_{\mathrm{sat}}\left(1 - \frac{2R_1+R_2}{R_1+R_2}\exp\left(-\frac{t}{RC}\right)\right) =$$

$$\left[-\frac{R_2}{R_1+R_2} + \frac{2R_1+R_2}{R_1+R_2}\exp\left(-\frac{t}{RC}\right)\right]V_{\mathrm{sat}}$$

随着时间递减并在 t_1 时达到 0,即

$$t_1 = RC\ln\frac{2R_1+R_2}{R_2} = RC\ln\left(1 + 2\frac{R_1}{R_2}\right)$$

$$V(t_1^-) = V_{\mathrm{sat}}\left(1 - \frac{2R_1+R_2}{R_1+R_2}\exp\left(-\frac{t_1}{RC}\right)\right) = V_{\mathrm{sat}}\left(1 - \frac{2R_1+R_2}{R_1+R_2}\frac{R_2}{2R_1+R_2}\right) = \frac{R_1}{R_1+R_2}V_{\mathrm{sat}}$$

$$s(t_1^-) = V_{\mathrm{sat}}$$

$$\varepsilon(t_1^-) = 0$$

在 $t = t_1$ 时，s 跳变到 $-V_{\text{sat}}$，那么

$$t_1 = RC\ln\frac{2R_1 + R_2}{R_2} = RC\ln\left(1 + 2\frac{R_1}{R_2}\right)$$

$$V(t_1^-) = V_{\text{sat}}\left(1 - \frac{2R_1 + R_2}{R_1 + R_2}\exp\left(-\frac{t_1}{RC}\right)\right) = V_{\text{sat}}\left(1 - \frac{2R_1 + R_2}{R_1 + R_2}\frac{R_2}{2R_1 + R_2}\right) = \frac{R_1}{R_1 + R_2}V_{\text{sat}}$$

$$s(t_1^+) = -V_{\text{sat}}, \quad V(t_1^-) = V(t_1^+) = \frac{R_1}{R_1 + R_2}V_{\text{sat}}$$

$$\varepsilon(t_1^+) = -\frac{R_1}{R_1 + R_2}V_{\text{sat}} - V(t_1^+) = -2\frac{R_1}{R_1 + R_2}V_{\text{sat}}$$

此时，可以解出起始时间为 $t = t_1$ 的新的时间下的 B，$V(t)$，$\varepsilon(t)$，即

$$V(t_{\text{new}} = 0 = t_{\text{old}} = t_1) = \frac{R_1}{R_1 + R_2}V_{\text{sat}} = -V_{\text{sat}} + B \Rightarrow B = \frac{2R_1 + R_2}{R_1 + R_2}V_{\text{sat}}$$

$$V(t) = -V_{\text{sat}} + \frac{2R_1 + R_2}{R_1 + R_2}V_{\text{sat}}\exp\left(-\frac{t}{RC}\right) = V_{\text{sat}}\left(-1 + \frac{2R_1 + R_2}{R_1 + R_2}\exp\left(-\frac{t}{RC}\right)\right)$$

$$\varepsilon(t) = -\frac{R_1}{R_1 + R_2}V_{\text{sat}} - V_{\text{sat}}\left(-1 + \frac{2R_1 + R_2}{R_1 + R_2}\exp\left(-\frac{t}{RC}\right)\right) =$$

$$\left[\frac{R_2}{R_1 + R_2} - \frac{2R_1 + R_2}{R_1 + R_2}\exp\left(-\frac{t}{RC}\right)\right]V_{\text{sat}}$$

随着时间递增并在 t_2 时达到 0，即

$$t_1 = RC\ln\frac{2R_1 + R_2}{R_2} = RC\ln\left(1 + 2\frac{R_1}{R_2}\right) = t_2$$

所以，可以得到一个振荡波，其振荡周期是

$$T = t_1 + t_2 = 2t_1 = 2RC\ln\frac{2R_1 + R_2}{R_2} = 2RC\ln\left(1 + 2\frac{R_1}{R_2}\right)$$

$S(t)$ 和 $V(t)$ 的波形如图 5-17 所示。

测量一下

（3）特性观察

搭建图 5-16 所示的电路，使 $R = 10\text{ k}\Omega$，$R_1 = 10\text{ k}\Omega$，$R_2 = 10\text{ k}\Omega$，$C = 0.1\ \mu\text{F}$。然后把 $Y_1(t)$ 和 $Y_2(t)$ 接入示波器，观察波形，注意其频率。请将观测到的结果描绘在图 5-18 中，并记录此时的实验条件（示波器的参数）。

理论上，振荡器的频率为

$$f = \frac{1}{2RC\ln\left(1 + 2\dfrac{R_1}{R_2}\right)}$$

$$f(R = R_1 = R_2 = 10\text{ k}\Omega, C = 100\text{ nF}) = 445\text{ Hz}$$

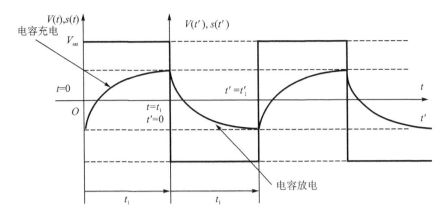

图 5 - 17　单稳态振荡器电路中 $S(t)$ 和 $V(t)$ 的理论波形

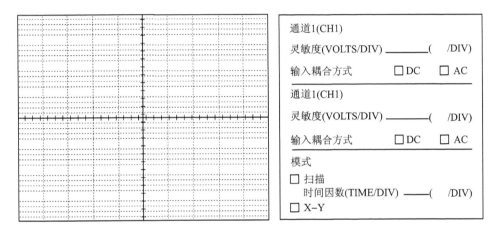

图 5 - 18　单稳态振荡器电路中观测到的 $Y_1(t)$ 和 $Y_2(t)$ 波形

　　请确定参数 R，C 对响应 $V(t)$ 的影响，调整 R 和（或）C 的值，使振荡频率等于 500 Hz，即

$$f(R = R_1 = R_2 = 10 \text{ k}\Omega, C = 90 \text{ nF}) = 500 \text{ Hz}$$

5.4　非对称输出的单稳态振荡器

　　对图 5 - 16 的单稳态振荡电路进行调整，可以得到非对称输出的单稳态振荡电路。它由一个理想运算放大器，两个电阻 R_1，R_2，一个电位器 $P(x)$，一个电容 C 和两个二极管 D_1 和 D_2 组成，如图 5 - 19 所示。

　　搭建图 5 - 19 所示的电路，$P = 10 \text{ k}\Omega$，$R_1 = 10 \text{ k}\Omega$，$R_2 = 10 \text{ k}\Omega$，$C = 100 \text{ nF}$，然后把 $Y_1(t)$ 和 $Y_2(t)$ 接入示波器，观察波形。请将观测到的结果描绘在图 5 - 20 中，并记录此时的实验条件（示波器的参数）。

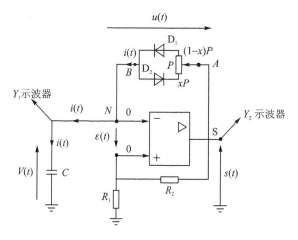

图 5 - 19 振荡电路

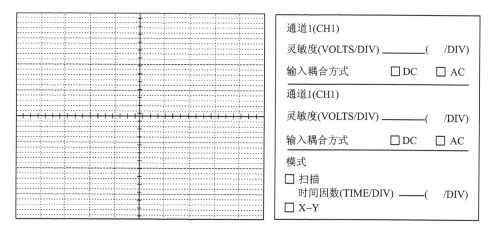

图 5 - 20 振荡电路中观测到的 $Y_1(t)$ 和 $Y_2(t)$ 波形

改变图 5 - 19 中的 x 值,并注意它对 $Y_1(t)$ 和 $Y_2(t)$ 波形的影响。请将观测到的结果描绘在图 5 - 21 中,并记录此时的实验条件(示波器的参数)。

试着在不计算 $Y_1(t)$ 和 $Y_2(t)$ 的情况下解释这一现象。

对于非对称单稳态振荡器,在电容充电时,D_1 导通,D_2 截止,电流流过的电阻是 $(1-x)P$;在电容放电时,D_2 导通,D_1 截止,电流流过的电阻是 xP,因此有

$$t_1 = (1-x)PC\ln\frac{2R_1 + R_2}{R_2}$$

$$t_2 = xPC\ln\frac{2R_1 + R_2}{R_2} \neq t_1$$

$$T = t_1 + t_2 = PC\ln\frac{2R_1 + R_2}{R_2}$$

二极管是单向导通的,即当二极管正向导通时视为短接,负向导通时视为开路。

电压方向不同则导通的二极管不同,改变 x 的取值,即改变了导通电路电阻值的大小。当 $x=0.5$ 时,此电路为对称振荡电路;当 $x\neq0.5$ 时,此电路为非对称振荡电路,典型的输出波形如图 5-22 所示。

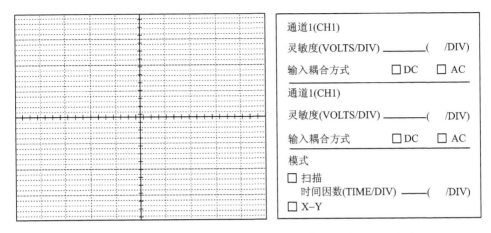

图 5-21　改变 x 值后在振荡电路中观测到的 $Y_1(t)$ 和 $Y_2(t)$ 波形

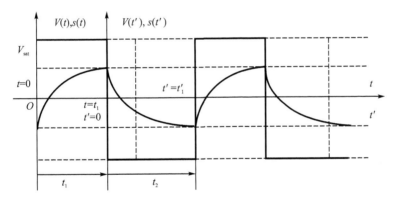

图 5-22　非对称单稳态振荡器电路中 $S(t)$ 和 $V(t)$ 的理论波形

第6章 维氏振荡器

在本实验中,将首先研究维氏电桥的输入和输出电压特性;随后研究同相放大电路,并采用两者构建出维氏振荡器,掌握不同参数对于振荡现象的影响;最后讨论如何对振幅进行自动控制,输出稳定且无变形的正弦信号。

6.1 维氏电桥

维氏振荡器是一种可以产生正弦信号的仪器,其输出的频率可调范围大。维氏振荡器可以看成是由一个同相放大电路和带通正反馈滤波器的组合,在自动控制中有着非常重要的理论意义和实际应用。

相关理论

(1) RC 串并联电路

对于图 6 - 1 所示的 RC 串并联电路(维氏电桥),在交流供电并达到稳态情况下,可采用复数表述其阻抗,即定义复阻抗为 $\dot{Z} = \dot{U}/\dot{I}$ 。按照此定义,根据电阻和电容各自的伏安特性规律,可以得到 $\dot{Z}_R = R$,$\dot{Z}_C = \dfrac{1}{j\omega C}$ 。

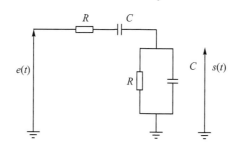

图 6 - 1 RC 串并联电路

随后采用复数符号 j、电阻 R、电容 C 来计算在正弦信号下达到稳定状态的传递函数 $\dot{H}(j\omega) = \dfrac{\dot{s}}{\dot{e}}$,可以根据其模和幅角得到所需的全部稳态信息。

分析电路分压及阻抗 Z 和电导 Y,采用电压分压公式,可以推出

$$\dot{H} = \frac{\dot{s}}{\dot{e}} = \frac{Z_R \ // \ Z_C}{Z_R \ // \ Z_C + Z_R + Z_C} = \frac{1}{1 + (Z_R + Z_C)(Y_R + Y_C)}$$

$$\dot{H} = \frac{1}{1 + \left(R + \dfrac{1}{jC\omega}\right)\left(jC\omega + \dfrac{1}{R}\right)} = \frac{1}{3 + j\left(RC\omega - \dfrac{1}{RC\omega}\right)}$$

$$|\dot{H}| = \frac{1}{\sqrt{9 + \left(RC\omega - \dfrac{1}{RC\omega}\right)^2}} = \frac{1}{\sqrt{9 + \left(\dfrac{\omega}{\omega_r} - \dfrac{\omega_r}{\omega}\right)^2}} = \frac{1}{\sqrt{9 + \left(x - \dfrac{1}{x}\right)^2}}$$

$$\omega_r = \frac{1}{RC}, \quad f_r = \frac{1}{2\pi RC}, \quad x = \frac{\omega}{\omega_r}$$

得到传递函数 H 的表达式后,就可以画出其绝对值的图像,即增益图和波特图。

（2）仿真分析

利用 Maple 软件,可以编写代码并显示增益图和波特图,其中 $x = f/f_y = \log_{10} x$。

```
>H: = x ->1/sqrt(9 + (x - 1/x)^2);
```

$$H := x \rightarrow \frac{1}{\sqrt{9 + \left(x - \dfrac{1}{x}\right)^2}}$$

```
>plot(H,1/3..3);　（输出结果见图 6 - 2）
```

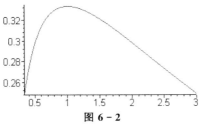

图 6 - 2

```
>G: = y ->20 * log[10](H(10^y));
```

$$G := y \rightarrow 20 \log_{10}(H(10^y))$$

```
>plot(G, - 2..2);　（输出结果见图 6 - 3）
```

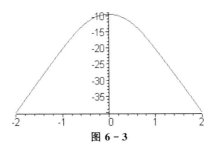

图 6 - 3

从仿真结果可以发现,存在一个用共振频率 $f_r = \dfrac{\omega_r}{2\pi} = \dfrac{1}{2\pi RC}$,在此频率点

$$\dot{H}(f_r) = \frac{1}{3} \quad \Rightarrow \quad \arg(\dot{H}(f_r)) = 0$$

通过上述分析可知,当输入频率为 f_r 时,输出振幅可以达到最大,且输入信号和输出信号频率相同,相位也相同。

至此,完成了维氏电桥部分的理论和数值研究,其全部物理信息在波特图中均有反映,且蕴藏了共振现象。

 测量一下

（3）特性观察

设计如图 6-4 所示的电路。$e(t) = E_{AC} \cos 2\pi f t$，$E_{AC} = 1.5$ V，$R = 10$ kΩ，$C = 100$ nF。

• 观察李萨茹曲线 $s(e)$，测量共振频率和共振时的增益大小，并与理论值比较。

• 用分贝计测 $H_{max} = H_{max}(\omega_r)$ 的值。注意：要为分贝计设定参考值，与理论值进行对比。

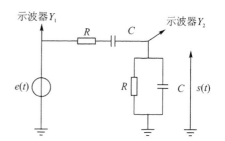

图 6-4 RC 串并联电路特性测量

• 以半对数图形式，画出以 $\log_{10}(f/f_r)$ 为自变量，$G = 20 \log_{10} |\dot{H}|$ 为因变量的波特图。找出共振频率，比较该方法和李萨如曲线法的优劣。

将观测到的李萨如曲线描绘在图 6-5 中，并记录此时的实验条件（示波器的参数）。

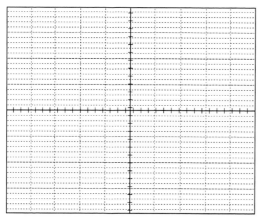

通道1(CH1)		
灵敏度(VOLTS/DIV) _____ (/DIV)		
输入耦合方式	□ DC	□ AC
通道1(CH1)		
灵敏度(VOLTS/DIV) _____ (/DIV)		
输入耦合方式	□ DC	□ AC
模式		
□ 扫描		
时间因数(TIME/DIV) _____ (/DIV)		
□ X-Y		

图 6-5 RC 串并联电路的李萨如曲线

6.2　同相放大器

（1）基本电路

图 6‐6 所示的同相放大电路中，外接信号从运放的同相端输入。令信号发生器输出信号为 $e(t)=E_{AC}\cos 2\pi f t$，采用 R_1，R_2，E_{AC}，$\omega=2\pi f$，R_u 计算出输出电压 $s(t)$，输出电流 $i_s(t)$ 和 $\mathrm{d}s/\mathrm{d}t$ 的值，以此来解释其同相放大的原理。

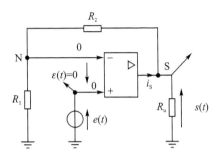

图 6‐6　同相放大器电路

（2）输出电压和电流

运算放大器处于负反馈状态，可能工作在线性区域。假设此时运算放大器工作在线性区域，则有 $\varepsilon=0$。再采用米尔曼定理，有如下推导：

$$V_-=V_+=e=\frac{R_1}{R_1+R_2}s \quad \Rightarrow \quad s=\left(1+\frac{R_2}{R_1}\right)e \quad \Rightarrow \quad \frac{\mathrm{d}s}{\mathrm{d}t}=\left(1+\frac{R_2}{R_1}\right)\frac{\mathrm{d}e}{\mathrm{d}t}$$

由于电阻总为正值，因此输出电压确实为输入电压的同相放大，放大倍数为 $(1+R_2/R_1)$ 倍。

$$s=\frac{\dfrac{0}{R_u}+\dfrac{e}{R_2}+i_S}{\dfrac{1}{R_u}+\dfrac{1}{R_2}}=\left(1+\frac{R_2}{R_1}\right)e=\frac{\dfrac{e}{R_2}+i_S}{\dfrac{1}{R_u}+\dfrac{1}{R_2}} \Rightarrow i_S=\left[\left(1+\frac{R_2}{R_1}\right)\left(\frac{1}{R_u}+\frac{1}{R_2}\right)-\frac{1}{R_2}\right]e$$

$$i_S=\left[\frac{1}{R_1}+\frac{1}{R_u}\left(1+\frac{R_2}{R_1}\right)\right]e$$

这样就得出了输出端有负载时的输出电流。

（3）线性约束条件

同相放大电路线性约束的三个条件（饱和电压、饱和电流、压摆率）可以表述为

$$-V_{sat} \leqslant \left(1 + \frac{R_2}{R_1}\right)e \leqslant V_{sat} \quad \Rightarrow \quad -\frac{R_1}{R_1+R_2}V_{sat} \leqslant E_{AC}\cos 2\pi ft \leqslant \frac{R_1}{R_1+R_2}V_{sat}$$

$$-v_b \leqslant \left(1 + \frac{R_2}{R_1}\right)\frac{de}{dt} \leqslant v_b \quad \Rightarrow \quad -\frac{R_1}{R_1+R_2}v_b \leqslant -E_{AC}2\pi f\sin 2\pi ft \leqslant \frac{R_1}{R_1+R_2}v_b$$

$$-I_{sat} \leqslant \left[\frac{1}{R_1} + \frac{1}{R_u}\left(1 + \frac{R_2}{R_1}\right)\right]e \leqslant I_{sat} \quad \Rightarrow$$

$$-\frac{R_1R_uR_1+R_2+R_u}{R_1+R_2+R_u}I_{sat} \leqslant E_{AC}\cos 2\pi f \leqslant \frac{R_1R_uR_1+R_2+R_u}{R_1+R_2+R_u}I_{sat}$$

在上述约束中,不考虑 t 的影响,为了确保以上条件成立,有

$$E_{AC} \leqslant \frac{R_1}{R_1+R_2}V_{sat}$$

$$E_{AC}f \leqslant \frac{1}{2\pi}\frac{R_1}{R_1+R_2}v_b$$

$$E_{AC} \leqslant \frac{R_1R_uR_1+R_2+R_u}{R_1+R_2+R_u}I_{sat}$$

可以通过调整 E_{AC}, f, R_u 的值来满足上述三个条件,以使运算放大器工作在线性区的假设成立。

 测量一下

（4）特性观察

设计如图 6 - 6 所示的电路,使 $R_u \approx 1$ MΩ（避免电流饱和）;令 $e(t) = E_{AC}\cos 2\pi ft$, $f = 1$ kHz, $E_{AC} = 1.5$ V, $R_1 = 1$ kΩ, $R_2 = 10$ kΩ,观察输入信号 $e(t)$ 和输出信号 $s(t)$,描绘在图 6 - 7 中,并记录此时的实验条件(示波器的参数)。

• 调节 R_2 使 s 和 e 之间的增益为 3（通过示波器进行控制）;
• 断开 R_2 并用欧姆表测量其相应电阻值。

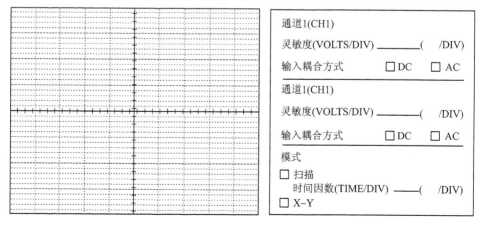

图 6 - 7 同相放大器电路的输入信号与输出信号

警告：千万不要用欧姆表测量未断电电路中的电阻，将电阻从电路中断开后方可用欧姆表测量。

6.3 维氏振荡器

 **相关理论**

（1）基本电路

图 6-8 所示的电路中，假定运算放大器工作在线性区域，则有 $\varepsilon(t) = V_+ - V_- = 0$。

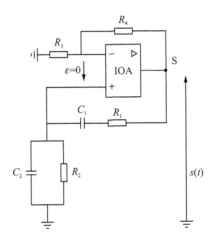

图 6-8 维氏振荡器电路

设 $R_1 = R_2 = R$，$C_1 = C_2 = C$，把米尔曼定理运用到反相输入上（V_- 端），且使用运算放大器线性条件，并考虑到前面讨论中给出的结果，可以得到

$$V_+ = \frac{s}{3 + \mathrm{j}\left(RC\omega - \dfrac{1}{RC\omega}\right)}$$

$$V_- = \frac{R_3}{R_3 + R_4}s$$

$$V_+ = V_-$$

用 p 表示 $\mathrm{j}\omega$，有

$$\frac{1}{3 + \left(RCp + \dfrac{1}{RCp}\right)}s = \frac{R_3}{R_3 + R_4}s = \frac{RCps}{1 + 3RCp + R^2C^2p^2} = \frac{1}{\beta}s \quad \beta = \frac{R_3 + R_4}{R_3}$$

$$(1 + 3RCp + R^2C^2p^2)s - RC\beta s = 0$$

$$R^2C^2p^2s + (3 - \beta)RCps + s = 0$$

$$R^2C^2 \frac{\mathrm{d}^2 s}{\mathrm{d}t^2} + (3 - \beta)RC \frac{\mathrm{d}s}{\mathrm{d}t} + s = 0$$

$$R^2C^2 \frac{\mathrm{d}^2 s}{\mathrm{d}t^2} + \left(2 - \frac{R_2}{R_1}\right)RC \frac{\mathrm{d}s}{\mathrm{d}t} + s = 0$$

由此得到了输出电压的微分方程。此方程为二阶常微分方程,如果选择 $R_4 = 2R_3$,也即当同相放大器的增益为 3 时,方程的一阶导系数为零,那么这个常微分方程有一个正弦形式的解,即

$$s = S_{\max} \cos\left(\frac{t}{RC} + \varphi\right)$$

此时电路处于振荡状态。$S_{\max}$ 和 φ 由初始条件决定,此即维氏振荡现象。

（2）性能观察

设计如图 6-8 所示的电路。

在同相放大器的不同的放大倍数 A 下,也即用不同的电阻比例 $k = R_2/R_1$,采用数字示波器或模拟示波器显示 $s(t)$。

- 在增益为 3 的情况下,测量振荡频率;
- 观察 k 值在 $k < 2$ 和 $k > 2$ 情况下,$s(t)$ 的图像,并进行解释;
- 采用数据采集卡 SYSAM SP 5 以及 LATIS Pro 软件,在示波器同时显示的情况下,找出并记录下维氏振荡起振时的暂态图像。

6.4 维氏振荡器的振幅自动控制

（1）电阻电容值不一致带来的问题

上述维氏振荡器属于理想设计。实际电路中,维氏电桥中的电阻和电容会有误差,并不能保证两个电阻完全一致,也不能保证两个电容完全一致。尤其是对于电容,要保证两个电容值完全一致的难度更大。电阻电容的不一致,会导致电路中实际需要补偿的增益并非 3,而是其他数值,且振荡频率也需要重新计算,因此最终输出的正弦波形会背离预期,出现如下三种情况:

- 起振后随即再次消失;
- 正弦波形由于回路增益过大出现扭曲;
- 正弦波形的振荡频率偏离理论值。

（2）非理想情况下的传递函数

非理想情况下,$R_1 \neq R_2$,$C_1 \neq C_2$,需要将之前计算中认为一致的电阻电容分开

标记并进行计算。

重新按照前述 6.1 步骤研究维氏电桥部分的传递函数,可以得到如下公式:

$$H = \frac{j\omega C_1 R_1}{1 + j\omega(C_1 R_2 + C_2 R_2 + C_1 R_1) - \omega^2(C_1 C_2 R_1 R_2)}$$

此时,如希望得到振荡,则要求零相位差,即

$$\omega^2 = \frac{1}{C_1 C_2 R_1 R_2}$$

由此可以求出新的更加贴合实际情况的共振振荡频率。而且,传递函数也将化简为纯实数,也就是无相位差的情况,即

$$G = \frac{C_1 R_2}{C_1 R_2 + C_2 R_2 + C_1 R_1}$$

由此可以求出所需补充的网络增益(R_3,R_4 构成的同相放大器增益)为 G 的倒数。因此,桥内电阻电容值不同时,共振频率和需要补偿的增益均会变动,严重时将导致输出波形严重偏离设计初衷。为此,需要找到能够自动调节增益、对振幅进行控制的解决办法。本实验采用引入灯泡(热变电阻)的方法。

（3）性能观察

在同相放大器部分引入灯泡(热变电阻)R_b,即在图 6-6 中,用灯泡代替 R_3,观察电路的输出信号变化。

由于同相放大器的放大倍数为 $1 + R_4/R_3$。因此,在电路刚接通时,由于灯泡电阻较小,放大倍数很大,同相放大器的增益扣除维氏电桥的损耗还会有富裕的放大倍数,这将使得系统开始起振。

随着振荡开始,电流强度逐渐增加,灯泡中灯丝发热,其电阻将显著增加。R_b 增大使得同相放大器增益减小,相当于形成一种负反馈机制,直到整个环路增益为 1。此时,系统将在环路增益为 1 附近振荡平衡。

采用灯泡的好处是可以较为直观地看到起振现象以及振荡和稳定情形,且灯丝具有热变电阻效果。另外,灯丝包含部分电感性质,可以阻隔高频信号。如此设计,电路能够自主寻找到能让系统稳定振动的频率和振幅,并且由于环路增益始终保持为 1,输出波形保真度较高。

当然,上述分析也是有前提条件的:振荡周期必须远大于灯丝热力学驰豫平衡时间,否则热力学温度变化导致的电阻改变,将认为是常数变化对整个振荡不起作用。另外,灯丝对于温度的响应跟诸多环境参量也息息相关。

第 7 章　乘法器与调制解调

调制解调是信号在长距离输送中常用的处理手段。常见的信号调制通常以调频或者调幅的形式进行，随后再伴以相应的解调手段。

本实验的目的在于学习对信号幅度的调制和解调，掌握多种解调检测方法，并进行比较；掌握乘法器的基本工作原理和使用方法。

7.1　幅值调制

相关理论

调制信号幅度的主要手段是采用所谓"快""慢"函数的乘积。"快""慢"指的是周期的大小，其中周期长的信号随时间变化较慢，称之为慢函数；反之，周期短的信号随时间变化较快，称之为快函数。

假设两个周期函数 $T_S \gg T_F$，其中 S 代表慢函数，F 代表快函数，比如 $T_S = 40\,T_F$。

下面将研究在 $[\iota, \iota+\Delta t]$ 区间，$T_F \ll \Delta t \ll T_S$，且在 $[0, T_S]$ 内的不同形式快慢函数乘积的近似函数曲线。

先采用 Maple 软件，研究如下三种乘积形式：

- $f_1(t) = \sin 2\pi t/T_S \sin 2\pi t/T_F$；
- $f_2(t) = \sin^2 2\pi t/T_S \sin^2 2\pi t/T_F$；
- $f_{3m}(t) = (1 + m \cos 2\pi t/T_S) \cos 2\pi t/T_F$，其中 $m = 1/2$，$m = 1$，$m = 2$。

利用 Maple 软件，可以画出 $f_1(t)$，$f_2(t)$，$f_{3m}(t)$ 的图像。

```
>restart;
>f1: = t ->sin(Pi * t/T1) * sin(Pi * t/T2);
>f2: = t ->(sin(Pi * t/T1))^2 * (sin(Pi * t/T2))^2;
>f3: = (m,t) ->(1 + m * cos(2 * Pi * t/T2)) * cos(2 * Pi * t/T1);
>T1: = 1;T2: = 40;
>plot(f1,0..40,numpoints = 1000);plot(f2,0..40,numpoints = 1000);
```

图 7-1(a)为 $f_1(t)$ 的函数图像。可以看出，其载波由周期较小的正弦函数构成，周期为 T_F；载波的振幅被周期较大的正弦函数所调制，得到 $f_1(t)$ 的函数图像。

图 7-1(b)是 $f_2(t)$ 的函数图像。由于 $f_2(t) = f_1^2(t)$，有平方项出现，故函数最终均为正值。

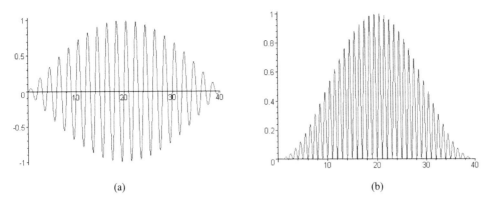

(a)   (b)

图 7 - 1

$>$for m in $[1/2,1,2]$ do plot(f3(m,t),t = 0..T2); od;

图 7 - 2 显示的是函数 $f_{3m}(t)$ 在 m 取不同值时的图像，即三种不同状态的调制，其载波均为周期较小的正弦信号，m 值代表调幅的深度。

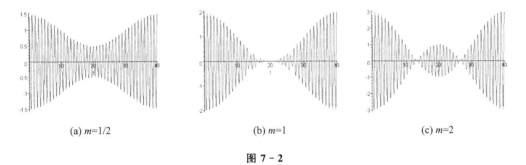

(a) $m=1/2$ (b) $m=1$ (c) $m=2$

图 7 - 2

• 当 $m=1/2$ 时，调幅深度为 50%，即调幅最低到原最大振幅的一半，如图 7 - 2(a) 所示，这种 $m<1$ 的调制也叫作"正常调制"；

• 当 $m=1$ 时，调幅深度为 100%，即全部振幅可以被调制，于是能够看到其中有振幅为零的点出现；

• 当 $m>1$ 时，调幅超过 100%，调幅过程会穿越 x 轴到下方，也即包络线所组成的正弦信号不会一直处在 x 轴上方，而是横穿 x 轴到下方后再回到上方，如图 7 - 2(c) 所示，这种调制也称作"过调制"。

在实际调幅操作时，经常采用的是最后一种方法，因为其可以进行调幅深度的操作，更具有应用价值。实现该调幅需要实现快慢函数的第三种方式的乘积，可以采用乘法器实现。执行乘法操作即进行了调幅操作，调制就完成了。

7.2 乘法器

图 7-3 是乘法器的功能示意图,其输入输出关系为

$$s(t) = a[x_1(t) - x_2(t)][y_1(t) - y_2(t)] + z(t)$$

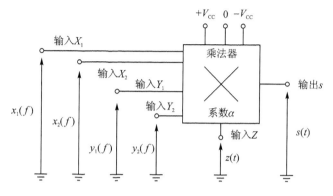

图 7-3 乘法器功能示意图

7.2.1 输入输出函数关系

本实验需要使用两个信号发生器。

首先,把 X_2,Y_2,Z 接地。根据以上关系,应该有 $s(t) = a\, x_1(t) y_1(t)$。

1)设计简单的输入函数 $x(t)$,$y(t)$,并提出测量系数 α 的方法(α 约为 1/10)。

2)验证乘法器存在幅度和频率极限,且相当于一个带通滤波器。

3)观察乘法器输出与供电电源电压的关系。

7.2.2 利用乘法器实现幅度调制

1)将信号发生器 1 的输出接入 X_1,信号发生器 2 输出的接入 Y_1;

2)信号发生器 1 分别输出低频矩形波、三角波和正弦波;信号发生器 2 输出高频正弦波,如图 7-4(a)(b)(c)所示。

3)观察与结果分析。在图 7-5 中描绘 $x_1(t) y_1(t)$、$x_2(t) y_1(t)$ 和 $x_3(t) y_1(t)$ 的波形,记录实验条件(示波器的参数),并且讨论其结果。

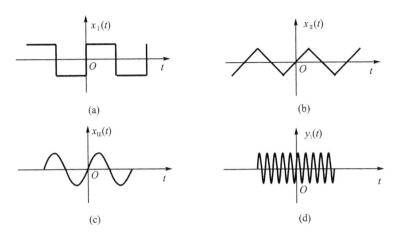

图 7 - 4 乘法器的输入波形

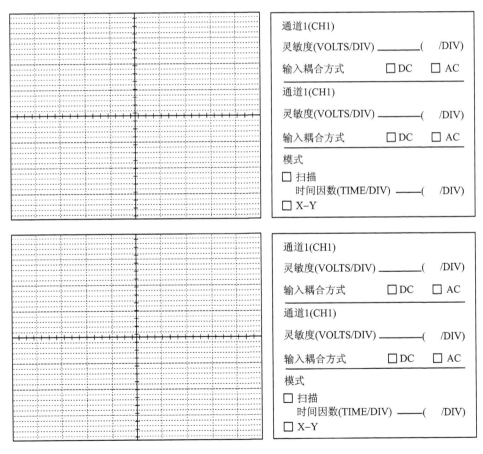

图 7 - 5 乘法器输出端的信号波形

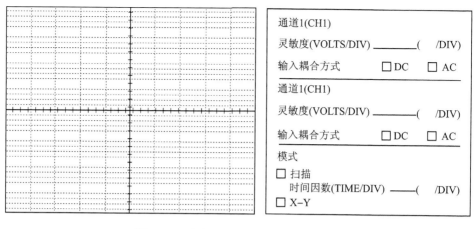

图 7-5 乘法器输出端的信号波形(续)

7.3 仿真分析

$y_1(t)$是快波且为正弦波,将其频率记为 F;前两个慢波 $x_1(t)$,$x_{\text{II}}(t)$ 是非正弦波,但是可以通过傅里叶展开为正弦波的组合,将其基波频率记为 f,可得

$$x(t) = \sum_{n=1}^{+\infty} A_n \cos(2\pi nft + \varphi)$$

$$y(t) = Y_m \cos(2\pi Ft + \Phi)$$

计算以上两个波形的乘积为

$$x(t)y(t) = \left[\sum_{n=1}^{+\infty} A_n \cos(2\pi nft + \varphi_n)\right]\left[Y_m \cos(2\pi F_t + \Phi)\right] =$$

$$\sum_{n=1}^{+\infty} Y_m A_n \cos(2\pi nft + \varphi_n)\cos(2\pi Ft + \Phi) =$$

$$\sum_{n=1}^{+\infty} \frac{Y_m A_n}{2}\cos(2\pi(F+nf)t + \Phi + \varphi_n) + \cos(2\pi(F-nf)t + \Phi - \varphi_n)$$

由以上结果看出,如果慢波的傅里叶频谱中包含频率成分 f_n,两者之积的频谱中将包含频率 $F \pm f_{n'}$。快波的频率 F 已经消失。

对于三角波和矩形波,调制结果的仿真如下:

>triangle:=t->piecewise(t<=-T2/4,-4*(t+T2/2)/T2,t<=T2/4,4*t/T2,-4*(t-T2/2)/T2):

>T2:=40:

>plot(triangle,-T2/2..T2/2); (输出结果见图 7-6)

>modulation:=t->triangle(t)*sin(2*Pi*t/T1);

$$modulation := t \rightarrow \text{triangle}(t)\sin\left(2\frac{\pi t}{T_1}\right)$$

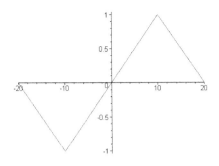

图 7 - 6

＞plot(modulation, - T2/2..T2/2); （输出结果见图 7 - 7）

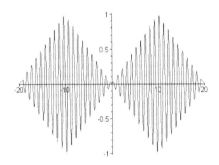

图 7 - 7

＞creneau: = t →piecewise(t＜ - T2/2,1,t＜0,0,t＜T2/2,1,0):

＞T2: = 40:

＞plot(creneau, - T2..T2); （输出结果见图 7 - 8）

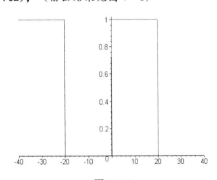

图 7 - 8

＞modulation_creneau: = t →creneau(t) * sin(2 * Pi * t/T1);

＞plot(modulation_creneau, - T2..T2); （输出结果见图 7 - 9）

$$modulation\_creneau: = t \to \text{creneau}(t)\sin\left(2\,\frac{\pi t}{T1}\right)$$

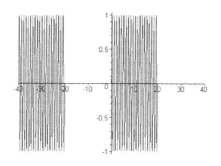

图 7 - 9

7.4 正常调制和过调制

🔍 **测量一下**

用一个信号发生器产生信号 $y_1(t) = E_0 \cos 2\pi f_F t$ ，其中 $E_0 = 5V$ ，$f_S \approx$ 10 kHz。再用另外一个信号发生器在 AC＋DC 模式下产生信号 $x_1(t) = E_{DC} + E_{AC} \cos 2\pi f_S t$，$f_S \approx 500$ Hz，$E_{AC} = 2$ V，E_{DC} 可调。

1) 调节 E_{DC}，在示波器上观察 $x_1(t)$ $y_1(t)$；

2) 调幅系数 $m = E_{AC}/E_{DC}$，在图 7 - 10 中分别描绘 $m = 1$，$m = 1/2$，$m = 2$ 时的输出波形，并记录实验条件（示波器的参数）；

• 辨别以上结果属于正常调制还是过调制；

• 用数据采集卡获取图像，进行频谱分析，讨论其结果；

• 观察信号的频谱，判断其是否为幅度调制。

🔍 **测量一下**

用信号发生器产生信号 $y_1(t) = E_0 \cos 2\pi f_F t$ ，其中 $E_0 = 5$ V，$f_S \approx 10$ kHz。用另外一个信号发生器在 AC 模式下产生信号 $x_1(t) = E_{AC} \cos 2\pi f_S t$，其中 $f_S \approx$ 500 Hz，$E_{AC} = 2$ V，并且将 $y_1(t)$ 接到偏置信号 Z。

乘法器的输出信号 $s(t)$ 将变为

$$s(t) = [1 + \alpha x_1(t)] y_1(t) = [1 + \alpha E_{AC} \cos 2\pi f_S t] E_0 \cos 2\pi f_F t$$

$$s(t) = E_0 [1 + m \cos 2\pi f_S t] \cos 2\pi f_F t \quad m = \alpha E_{AC}$$

通过改变 E_{AC}，可改变调幅系数 m。

3) 显示调制结果波形 $s(t)$，注意减小载波幅度以避免乘法器输出饱和。

4) 改变调制信号 $x_1(t)$ 的幅度，以观察不同调幅系数下的波形。

由于信号发生器的电压幅度限制，不会发生过调制。

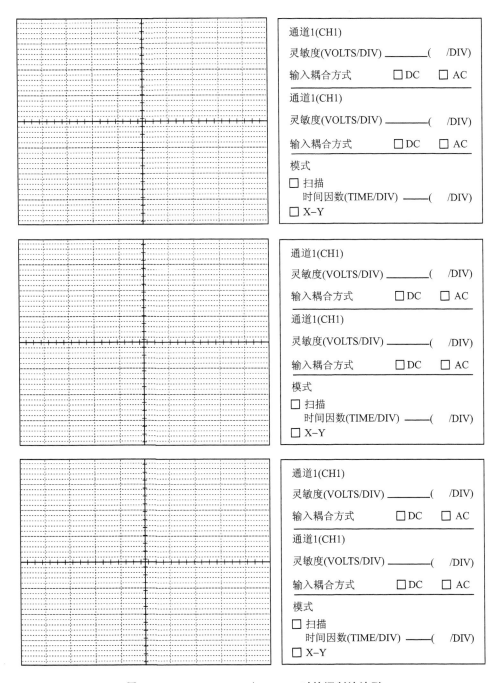

图 7 - 10 m = 1, m = 1/2, m = 2 时的调制波波形

要想产生过调制,要求 $m = \alpha E_{AC} = 2 \Rightarrow E_{AC} = \dfrac{m}{\alpha} = \dfrac{2}{\dfrac{1}{10}} = 20$,一般不易实现。

$$s(t) = E_0 \left[1 + m \cos 2\pi f_S t \right] \cos 2\pi f_F t$$

$$s(t) = E_0 \cos 2\pi f_F t + \frac{mE_0}{2} \left[\cos 2\pi (f_F + f_S) t + \cos 2\pi (f_F - f_S) t \right]$$

输出信号 $s(t)$ 的频谱中包含了 f_F, $f_F + f_S$ 和 $f_F - f_S$, 却没有包含调制信号的频率 f_S, 因此也就不能对 $s(t)$ 进行滤波来提取调制信号。

7.5 幅值解调

7.5.1 检 波

经过前述实验内容, 已可以对信号进行调制工作, 待其完成传输后, 需要解调才能最终读取信号信息。接下来研究如何解调。

首先, 通过在 AC+DC 模式下, 调节信号的偏置来获得调幅系数为 50% 的调制波形。

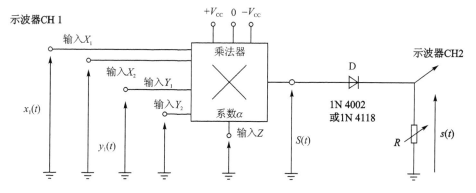

图 7-11 调制和检波电路

(1) 特性分析

图 7-11 所示电路中, 各项输入信号分别为

$$x_1(t) = E_{DC} + E_{AC} \cos 2\pi f_S t$$

其中, $E_{DC} = 2$ V, $E_{AC} = 5$ V, $f_S = 500$ Hz;

$$y_1(t) = E_0 \cos 2\pi f_F t$$

其中, $E_0 = 5$ V, $f_F = 10$ kHz。

Z, X_2 和 Y_2 接地, $R = 10$ kΩ, D 是一个整流二极管。示波器工作于外部同步模式下 (调制信号 $x_1(t)$ 接 TRIGG IN), 扫描时间定为 500 μV/DIV。

乘法器输出端 $S(t)$ 为

$$S(t) = \left[1 + \alpha x_1(t) \right] y_1(t) = \left[1 + \alpha (E_{DC} + E_{AC} \cos 2\pi f_S t) \right] E_0 \cos 2\pi f_F t$$

$$s(t) = E_0 (1 + \alpha E_{DC}) \left[1 + m \cos 2\pi f_S t \right] \cos 2\pi f_F t$$

其中, $m = \dfrac{\alpha E_{AC}}{1 + \alpha E_{DC}} = \dfrac{E_{AC}}{\beta + E_{DC}}$, $\beta = \dfrac{1}{\alpha} \approx 10$, $E_{AC} = 5$ V, $E_{DC} = 2$ V, 可知 $m \approx \dfrac{5}{10+2} =$

$\dfrac{5}{12} \approx 0.5$。此时电路可以简化为图 7-12 所示的形式，$S(t)$ 变为

$$S(t) = E'_0 [1 + m\cos 2\pi f_S t] \cos 2\pi f_F t$$

式中，$E'_0 = E_0(1 + \alpha E_{DC})$。假设二极管的理想特性如图 7-13 所示，图 7-13 亦可表示为：当 $u = V_{th}$ 时，$i \geq 0$；当 $u \leq V_{th}$ 时，$i = 0$。根据回路电压定律得

$$s = R_i, \quad S = u + s$$

由此可得

$$S \geq V_{th}, \quad s = S - V_{th}$$
$$S \leq V_{th}, \quad s = 0$$

　　观察整流后的信号 $s(t)$，并与前级未经整流的信号比较。如果需要，可将二极管反向。

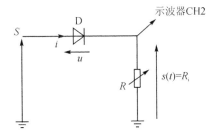

图 7-12　简化的检波电路

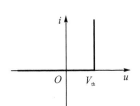

图 7-13　二极管理想特性曲线

（2）仿　真

以下 Maple 仿真可以帮我们更深入地理解调制和检波的概念。

```
>f3: = (m,t) ->E * (1 + m * cos(2 * Pi * t/T2)) * cos(2 * Pi * t/T1);
>S: = t->if f3(1/2,t) < = Vth then 0 else f3(1/2,t) - Vth fi;
>E: = 1;Vth: = 0.6;
>plot(S,0..T2,numpoints = 1000);　（输出结果见图 7-14）
```

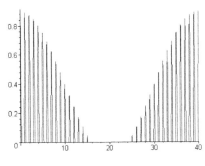

图 7-14

```
>E: = 2;Vth: = 0.6;
```

>plot(S,0..T2,numpoints = 1000); （输出结果见图 7 - 15）

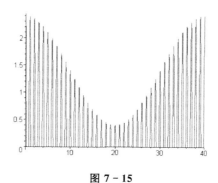

图 7 - 15

>E: = 1.2;Vth: = 0.6;

>plot(S,0..T2,numpoints = 1000); （输出结果见图 7 - 16）

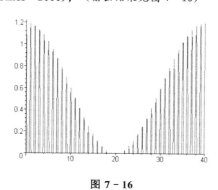

图 7 - 16

如果调制信号的幅度太小,因为受检波二极管的正向导通电压的限制,检波不能正常进行。为解决这个问题,需要增大载波幅度。

图 7 - 14、图 7 - 15 和图 7 - 16 分别给出了不同调幅深度的信号,经过整流后只剩下正值部分的图像。

7.5.2 幅值解调

在图 7 - 11 所示电路中,在电阻 R 两端并联一个十进制电容箱,简化后的电路如图 7 - 17 所示,电阻 R 和电容 C 构成一个最简单的低通滤波器。调节电容以滤去高频载波信号,从而将调制信号提取出来。

根据节点电流定律和回路电压定律及二极管特性,可得

$$i = C\frac{\mathrm{d}s}{\mathrm{d}t} + \frac{s}{R}$$

$$S = s + u$$

当 $u = V_{\mathrm{th}}$ 时, $i \geqslant 0$;当 $u \leqslant V_{\mathrm{th}}$ 时, $i = 0$ 。

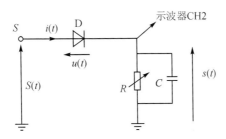

图 7 - 17 简化的幅值解调电路

假设 $t=0$，$S=E_0'=E_0(1+\alpha E_{\text{DC}})>V_{\text{th}}$，且有正向电流流过二极管，可以推出

$$s=S-u=S(t)-V,\quad C\frac{\mathrm{d}S}{\mathrm{d}t}+\frac{S-V_{\text{th}}}{R}\geqslant 0$$

观察 $S(t)$ 的波形，在 $t=0$ 时

$$C\frac{\mathrm{d}S}{\mathrm{d}t}(t=0)+\frac{S(t=0)-V_{\text{th}}}{R}\geqslant 0$$

可见这个假设是正确的。

随着 t 的增大，$C\dfrac{\mathrm{d}S}{\mathrm{d}t}+\dfrac{S-V_{\text{th}}}{R}$ 开始下降（$\mathrm{d}S/\mathrm{d}t$ 和 S 在减小）。可以找到一点 t_1 使得

$$C\frac{\mathrm{d}S}{\mathrm{d}t}(t_1)+\frac{S(t_1)-V_{\text{th}}}{R}=0$$

在 t_1 过后，将没有电流流过二极管，即 $i=0$，且

$$C\frac{\mathrm{d}s}{\mathrm{d}t}+\frac{s}{R}=0\ \Rightarrow\ s(t)=s(t_1)\exp\!\left(-\frac{t-t_1}{RC}\right),\quad S-s(t)\leqslant V_{\text{th}}$$

还可以找到一点 $t>t_1$，使得

$$S(t)-s(t)=S(t)-s(t_1)\exp\!\left(-\frac{t-t_1}{RC}\right)=V_{\text{th}}$$

这样又有电流流过二极管，如此循环往复。

注意：t_1 到非常接近 0^+ 时，因为 $S(t)$ 下降得很快，所以 $C\dfrac{\mathrm{d}S}{\mathrm{d}t}+\dfrac{S-V_{\text{th}}}{R}=0$ 也就很快到达。

如果 RC 比 T_s 大得多，曲线 $s(t)=s(t_1)\exp\!\left(-\dfrac{t-t_1}{RC}\right)$ 将接近于一条水平线（在区间 $[t_1,\ t_1+T_{\text{F}}]$ 中）。这条直线在 $t=t_2$ 处与曲线 $S-V_{\text{th}}$ 相交，如此循环往复。

这样 $s(t)$ 的上半轴部分的包络为 $S(t)-u(t)$，调制信号就被提取出来了，如图 7 - 18 所示。这就是幅值检测。

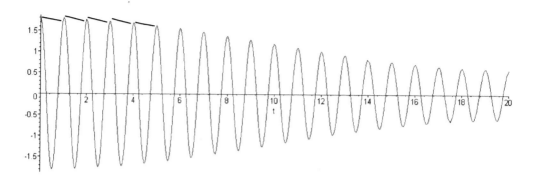

图 7 - 18　幅值检测波形图

7.5.3　过调制

调节直流偏置 E_{DC} 以获得过调制信号。

对于过调制,包络发生失真,只能提取正峰值的包络,而对于负峰值的包络却无能为力,因此解调结果与输入的慢波信号不一致,出现失真,如图 7 - 19 所示。

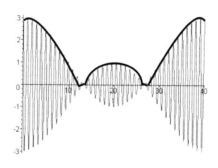

图 7 - 19　过调制后的幅值检测波形图

7.6　同步检测

相关理论

如图 7 - 20 所示,乘法器的输出是 $\alpha x_1 y_1$,$\alpha = 1/10$,经过一级乘法器后,得到输入信号的乘积 $x_1 y_1$ 除以 10,两级就除以 100。为避免输出信号过小,实验时需要将载波幅度提高一些。

在第二个乘法器输出端的 $S(t)$ 为

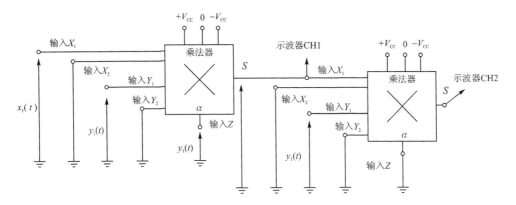

图 7 - 20 乘法器级联电路

$$S(t) = \alpha\left(\left[1 + \alpha x_1(t)\right] y_1(t)\right) y_1(t) = \alpha y_1^2(t)\left[1 + \alpha x_1(t)\right]$$

$$S(t) = \alpha E_0^2 \cos^2 2\pi f_F t \left[1 + \alpha(E_{DC} + E_{AC}\cos 2\pi f_S t)\right]$$

$$S(t) = \alpha E_0^2 (1 + \alpha E_{DC}) \cos^2 2\pi f_F t \left[1 + m\cos 2\pi f_S t\right], \quad m = \frac{E_{AC}}{1 + \alpha E_{DC}}$$

继续往下推导则有

$$S(t) = \alpha E_0^2 (1 + \alpha E_{DC}) \cos^2 2\pi f_F t \left[1 + m\cos 2\pi f_S t\right]$$

$$S(t) = \frac{\alpha E_0^2 (1 + \alpha E_{DC})}{2}(1 + \cos 2\pi(2f_F)t) \left[1 + m\cos 2\pi f_S t\right] =$$

$$\frac{\alpha E_0^2 (1 + \alpha E_{DC})}{2}\left[1 + \cos 2\pi(2f_F)t + m\cos 2\pi f_S t + m\cos 2\pi(2f_F)t\cos 2\pi f_S t\right] =$$

$$\frac{\alpha E_0^2 (1 + \alpha E_{DC})}{2}\left[1 + \cos 2\pi(2f_F)t + m\cos 2\pi f_S t + m\cos 2\pi(2f_F)t\cos 2\pi f_S t\right] =$$

$$E + mE\cos 2\pi f_S t + \frac{mE}{2}\cos 2\pi(2f_F - f_S)t + E\cos 2\pi(2f_F)t +$$

$$\frac{mE}{2}\cos 2\pi(2f_F + f_S)t$$

其中,$E = \dfrac{\alpha E_0^2(1 + \alpha E_{DC})}{2}$。

由此画出 $S(t)$ 的傅里叶频谱,如图 7 - 21 所示。

如果想通过滤波来提取调制信号,必须用一个低通滤波器,且其截止频率要满足 $f_S < f_C < 2f_F$。

滤波后的信号为 $S_F = E + mE\cos 2\pi f_S t$。

将示波器切换到 AC 模式下,就可以看到调制信号的波形

$$S_{F,AC} = mE\cos 2\pi f_S t$$

这就是解调后的信号,它和调制信号很相似,而且同步解调的方法也适用于过调制信号的解调。

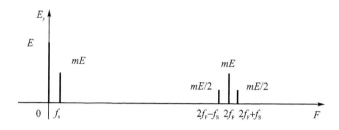

图 7-21 输出信号的傅里叶谱

测量一下

搭建图 7-22 所示的电路。示波器工作于外部同步模式下(调制信号 $x_1(t)$ 接 TRIGG IN)。

用一个信号发生器产生信号 $y_1(t) = E_0 \cos 2\pi f_F t$,其中 $E_0 = 5$ V,$f_S \approx 10$ kHz。再用另一个信号发生器产生信号 $x_1(t) = E_{DC} + E_{AC} \cos 2\pi f_S t$,其中 $f_S \approx 500$ Hz,$E_{AC} = 2$ V,E_{DC} 可调。

用一个串联 RC 滤波器来提取调制信号,$R = 10$ kΩ,C 是一个十进制电容箱。调节 C 到合适的值以获得较好的滤波效果。

由于 RC 串联网络是一个低通滤波器,其截止频率为 $1/RC$,因此选取电路参数时须保证 $f_S < \dfrac{1}{RC} < 2f_F$。

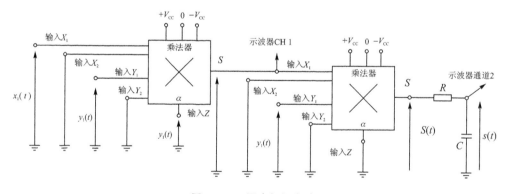

图 7-22 同步解调电路

第8章 张弛振荡器

张弛振荡器是一种可以产生近似三角波信号的仪器,其输出的频率可通过压控振荡器调节,频率范围较大。本章介绍的张弛振荡器的主要部件中包含由运算放大器构建的延迟比较器、积分器等;另外,还有二极管等非线性器件的运用。

在本实验中,将首先研究张弛振荡器的基本原理,并通过对基本电路的改进,最终实现通过控制电压来调节振荡器的频率。

8.1 张弛振荡器(频率固定)

（1）基本电路

相关理论

张弛振荡器的主要部分由三个运算放大器组成,如图 8-1 所示。

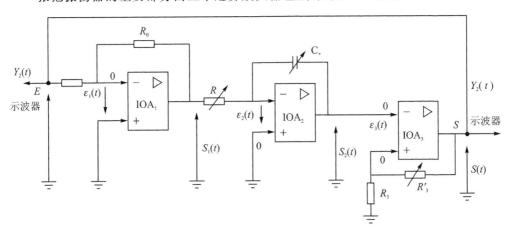

图 8-1 张弛振荡器(频率固定)电路

首先判断电路中三个运放 IOA_1,IOA_2,IOA_3 的工作状态,在不做计算的情况下,估计电路的功能。

- IOA_1 有负反馈,其工作状态是稳定的,$\varepsilon_1(t) = 0$。它是一个反相放大器,即
$$s_1(t) = -S(t)$$

- IOA_2 同样有负反馈,也是稳定的,$\varepsilon_2(t) = 0$。它是一个反相积分器,即
$$s_2(t) - s_2(t_0) = -\frac{1}{RC}\int_{t_0}^{t} s_1(x)\mathrm{d}x$$

- IOA_3 有正反馈,是不稳定的,$\varepsilon_3(t)\neq 0$。它是一个施密特触发器,即

$$S(t)=V_{sat}S_{ignum}(\varepsilon_3(t))$$

以上内容在运算放大器章节有详细推导。

(2)特性分析

假设在 $t=0$ 时,$S(t=0)=V_{sat}$,$s_2(t=0)=-\beta V_{sat}$,则系统是稳定的,因为

$$\varepsilon_3(t=0)=[\beta S-s_2]_{(t=0)}=\beta V_{sat}+\beta V_{sat}=2\beta V_{sat}>0$$

它稳定在 $S(t=0)=V_{sat}$。此时系统的状态方程为

$$S(t)=V_{sat},s_1(t)=V_{sat},s_1(t)=-s_2(t)=-V_{sat}$$

$$s_2(t)=s_2(0)-\frac{1}{RC}\int_0^t s_1(x)dx=-\beta V_{sat}-\frac{1}{RC}\int_0^t -V_{sat}dx=V_{sat}\left(\frac{t}{RC}-\beta\right)$$

$$\varepsilon_3(t)=\beta S(t)-s_2(t)=\beta V_{sat}-V_{sat}\left(\frac{t}{RC}-\beta\right)=\left(2\beta-\frac{t}{RC}\right)\geqslant 0$$

以上方程只在时间 $[0,t_1]$,$t_1=2\beta RC$ 内成立。

在 $t=t_1$ 时刻,$S(t)$ 从 V_{sat} 变到 $-V_{sat}$,e_3 将变负,S 不能保持在 V_{sat},所以

$$S(t_1^-)=V_{sat},\quad S(t_1^+)=-V_{sat},\quad s_1(t_1^-)=V_{sat},\quad s_1(t_1^+)=-s_2(t_1^+)=+V_{sat}$$

$$s_2(t_1^-)=s_2(t_1^+)=\beta V_{sat}$$

$$\varepsilon_3(t_1^-)=0,\quad \varepsilon_3(t_1^+)=\beta S(t_1^+)-s_2(t_1^+)=-\beta V_{sat}-\beta V_{sat}=-2\beta V_{sat}$$

这样在 $t=t_1$ 以后,系统的状态为

$$S(t)=-V_{sat},\quad s_1(t)=-V_{sat},\quad s_1(t)=-s_2(t)=+V_{sat}$$

$$s_2(t)=s_2(t_1)-\frac{1}{RC}\int_{t_1}^t s_1(x)dx=\beta V_{sat}-\frac{1}{RC}\int_{t_1}^t V_{sat}dx=V_{sat}\left(\beta-\frac{t-t_1}{RC}\right)$$

$$\varepsilon_3(t)=\beta S(t)-s_2(t)=-\beta V_{sat}-V_{sat}\left(\beta-\frac{t-t_1}{RC}\right)=\left(-2\beta+\frac{t-t_1}{RC}\right)\leqslant 0$$

以上方程只在 $[t_1,t_2]$,$t_2=t_1+2\beta RC$ 成立。

在 $t=t_2$ 时刻 $S(t)$ 又从 $-V_{sat}$ 变回 $+V_{sat}$,e_3 将变正,S 不能保持在 $-V_{sat}$,所以

$$S(t_2^-)=-V_{sat},\quad S(t_2^+)=+V_{sat},\quad s_1(t_2^-)=-V_{sat},\quad s_1(t_2^+)=-s_2(t_1^+)=-V_{sat}$$

$$s_2(t_2^-)=s_2(t_1^+)=-\beta V_{sat}$$

$$\varepsilon_3(t_2^-)=0,\quad \varepsilon_3(t_2^+)=\beta S(t_2^+)-s_2(t_2^+)=\beta V_{sat}\beta V_{sat}=2\beta V_{sat}$$

一个周期完成,电路状态又回到了起点处,这样系统就振荡起来了,振荡周期为

$$T=t_2=2t_1=4\beta RC$$

可以通过实验来验证,周期正比于 R,C,β。

测量一下

(3)特性观察分析

设计如图 8-1 所示的电路,包括三个运放,三个电阻 R_0,R_0,R_3',两个可变电阻 R_3,R_3' 和一个可变电容 C。

1) 令 $R_0 = R_3 = 1\ \text{k}\Omega$，$R_3'$ 和 R 可调，阻值在 $1\sim 10\ \text{kW}$ 之间；C 的值在 $0.01\sim 1\ \mu\text{F}$ 之间。令

$$\beta = \frac{R_3}{R_3 + R_3'} = \frac{1}{2}$$

反相积分器的输出接示波器通道 $1(Y_1(t))$，施密特触发器的输出接示波器通道 $2(Y_2(t))$；在图 8-2 中描绘 $Y_1(t)$ 和 $Y_2(t)$ 的波形，记录实验条件（示波器的参数），并进行讨论。

2) 改变 R 和 C 的值，测量相应输出波形周期 T 及 $Y_1(t)$ 和 $Y_2(t)$ 的最小公共周期，作 $T(RC)$ 图。

3) 固定 RC，使之满足 $f = 1/T = 1\ \text{kHz.}$；改变 R_3'（这样 β 随之而变），并作出相应的 $T(\beta)$ 图。

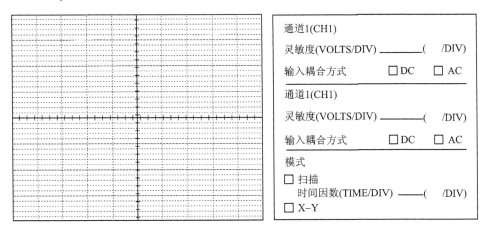

图 8-2　张弛振荡器电路的信号波形

8.2　二极管逻辑电路(DLC)

相关理论

考虑如图 8-3 所示的二极管桥式电路。$D_1 \sim D_4$ 是完全一样的理想二极管。

二极管的电压电流特性曲线如图 8-4 所示。

可以定义一个向量表示 $D_1 \sim D_4$ 四个二极管的状态（导通或截止），如 $(1,0,0,1)$，表示 D_1 处于模式 1，D_2 模式 0，D_3 模式 0，D_4 模式 1，其余依此类推。

1) 假设 $V(A_{23}) = V_{\text{sat}} > 0$，$V(A_{12}) = V_{12} > 0$，$V(A_{12}) = -V(A_{34})$，$V_{\text{sat}} > V_{12}$。下面来证明 $(1,0,1,0)$ 是可以实现的，而 $(0,0,0,0)$ 则是不可能的。

先来看 $(1,0,1,0)$，这时有

D_2：截止，$i_2 = 0$，$u_2 \leqslant 0$；

D_1：导通，$i_1 > 0$，$u_1 = 0$；

D_3：导通，$i_3 > 0$，$u_3 = 0$；

D_4：截止，$i_4 = 0$，$u_4 \leqslant 0$；

$V_{12} - V_A = V_{12} = R_{(+)} i_+ = R_{(+)} i_1 > 0$；

所以 $i_1 > 0$，一致。

$u_2 = V_A - V_{sat} = -V_{sat} < 0$，一致；

$u_4 = V_{A41} - V_B = 0 - V_{sat} < 0$，一致；

$V_B - V_{34} = V_{sat} + V_{12} = R_{(-)} i_{(-)} = R_{(-)} i_3 > 0$；

所以 $i_3 > 0$，一致。

至此，已经证明了 $(1,0,1,0)$ 是可能的！

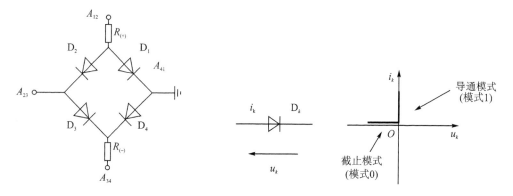

图 8 - 3　二极管桥式电路　　　　　图 8 - 4　二极管的电压电流特性曲线

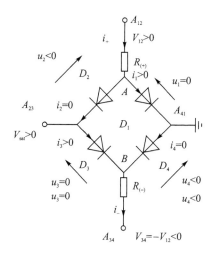

图 8 - 5　$(1,0,1,0)$ 模式下二极管桥路特性

在这种情况下，注意到

$$V(A_{23}) = V_{sat}, \quad V(A_{12}) = -V(A_{34}) > 0$$

D_1，D_3 导通相当于短路；D_2，D_4 截止相当于开路。

　　现在再来看 $(0,0,0,0)$，这时有 $i_1 = i_2 = i_3 = i_4 = 0$，这样 $i_+ = 0$，进而使 $V_A = V_{12} > 0$，$u_1 = V_{12} > 0$。这与假设 D_1 反偏、$u_1 < 0$ 发生矛盾，所以 $(0,0,0,0)$ 是不可能的。因此，$(1,0,1,0)$ 是唯一符合假设条件的情况，即

$$V(A_{23}) = V_{sat}, \quad V(A_{12}) = -V(A_{34}) > 0$$

当 $V(A_{23}) = V_{sat}$，简化电路如图 8-6 所示。

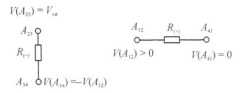

图 8-6　(1,0,1,0)模式下二极管桥路的等效电路

　　2）假设 $V(A_{23}) = -V_{sat} < 0$，$V(A_{12}) = V_{12} > 0$，$V(A_{12}) = -V(A_{34})$，$V_{sat} > V_{12}$。可以证明 $(0,1,0,1)$ 是可能的，且是唯一可能的情况，而 $(1,1,1,1)$ 则是不可能的。同理，当 $V(A_{23}) = V_{sat}$ 时，等效电路如图 8-7 所示。

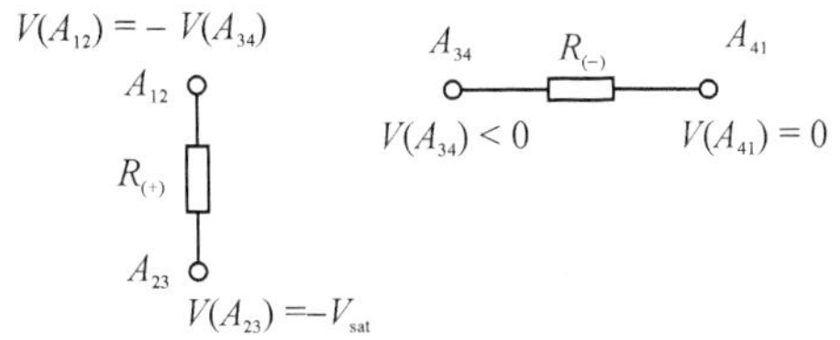

图 8-7　(0,1,0,1)模式下二极管桥路的等效电路

🔍 **测量一下**

　　3）特性观察。设计如图 8-3 所示的电路。

　　• 利用直流电源、运放和电阻设计一个电路，产生 10 V，+5 V，−5 V 三个电压。

　　• 用万用表测量验证前面所讨论的二极管电桥的几种情况。

8.3　频率可调的张弛振荡器

（1）基本电路

⚙ **相关理论**

　　考虑如图 8-8 所示的张弛振荡器（频率可调）电路。

　　首先来分析一下各个运算放大器的性质：

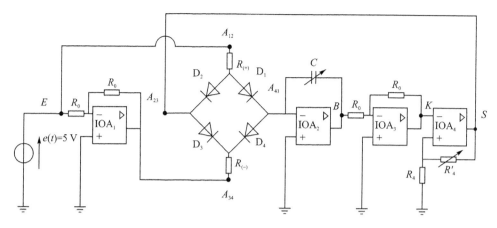

图 8-8 张弛振荡器(频率可调)电路

- IOA_1 有负反馈,其工作状态时稳定的,$\varepsilon_1(t)=0$。它是一个反相放大器,即

$$V(A_{34},t)=-e(t)$$

- IOA_3 同样有负反馈,也是稳定的,$\varepsilon_2(t)=0$。它也是一个反相放大器,即

$$V(K,t)=-V(B,t)$$

- IOA_4 有正反馈,是不稳定的,$\varepsilon_3(t)\neq0$。它是一个施密特触发器,即

$$V(S,t)=V_{\text{sat}}\text{Signum}(\varepsilon_4(t))=V_{\text{sat}}\text{Signum}[\beta V(S,t)-V(K,t)]$$

(2)特性分析

由于 $V(A_{23},t)=V(S,t)=\pm V_{\text{sat}}$,因此可以直接利用前面讨论 DLC 得到的结论。

假设 $t=0$ 时,$V(S,t=0)=V_{\text{sat}}$,$V(B,t=0)=\beta V_{\text{sat}}$。它能保持稳定,因为

$$\varepsilon_4(t=0)=[\beta V(S,t)-V(K,t)]_{(t=0)}=$$
$$[\beta V(S,t)+V(B,t)]_{(t=0)}=\beta V_{\text{sat}}+\beta V_{\text{sat}}=2\beta V_{\text{sat}}>0$$

与 $V(S,t=0)=V_{\text{sat}}$ 相一致。

下面根据 DLC 结论,重新将电路简化,如图 8-9 所示。

因为 $V(S,t)=V_{\text{sat}}$,此时系统方程可以表示为

$$V(S,t)=V_{\text{sat}},\quad V(B,t)=V(B,t=0)-\frac{1}{R_+C}\int_0^t e(x)\mathrm{d}x=\beta V_{\text{sat}}-\frac{1}{R_+C}\int_0^t E_{\text{DC}}\mathrm{d}x$$

$$V(B,t)=\beta V_{\text{sat}}-\frac{t}{R_+C}E_{\text{DC}}$$

$$\varepsilon_4(t)=\beta V(S,t)+V(B,t)=2\beta V_{\text{sat}}-\frac{t}{R_+C}E_{\text{DC}}\geqslant0$$

它工作在区间 $[0,t_1]$,$t_1=2\beta\dfrac{V_{\text{sat}}}{E_{\text{DC}}}R_+C$ 内。

在 $t=t_1$ 时,$S(t)$ 从 V_{sat} 变到 $-V_{\text{sat}}$,ε_4 变为负,将不再与 $V(S,t)=V_{\text{sat}}$ 保持一

致,所以

$$V(S,t_1^-)=V_{sat} \quad V(S,t_1^+)=-V_{sat} \quad V(B,t_1^-)=-\beta V_{sat}=V(B,t_1^+)$$

$$\varepsilon_4(t_1^-)=0 \quad \varepsilon_4(t_1^+)=\beta V(S,t_1^+)+V(B,t_1^+)=-2\beta V_{sat}$$

当 $V(S,t)=-V_{sat}$ 时,电路图简化如图 8-10 所示。

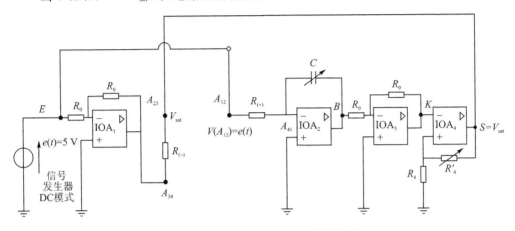

图 8-9 张弛振荡器(频率可调)简化电路一

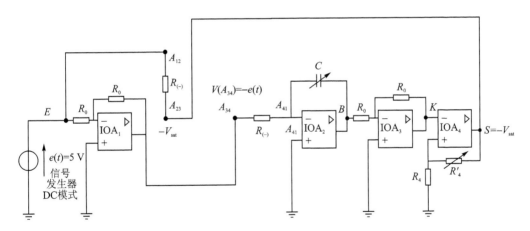

图 8-10 张弛振荡器(频率可调)简化电路二

在 $t=t_1$ 时刻之后,系统方程为

$$V(S,t)=-V_{sat}$$

$$V(B,t)=V(B,t_1)-\frac{1}{R_-C}\int_{t_1}^t -e(x)\mathrm{d}x=$$

$$-\beta V_{sat}+\frac{1}{R_-C}\int_{t_1}^t E_{DC}\mathrm{d}x=-\beta V_{sat}+E_{DC}\left(\frac{t-t_1}{R_-C}\right)$$

$$\varepsilon_4(t)=\beta V(S,t)+V(B,t)=-2\beta V_{sat}+E_{DC}\left(\frac{t-t_1}{R_-C}\right)\leqslant 0$$

此时,系统工作在区间 $[t_1, t_2]$, $t_2 = t_1 + 2\beta \dfrac{V_{\text{sat}}}{E_{\text{DC}}} R_- C$ 。

在 $t = t_2$ 时, $V(S, t)$ 从 $-V_{\text{sat}}$ 变为 $+V_{\text{sat}}$, ε_4 由负变正,且不再与 $S = -V_{\text{sat}}$ 保持一致。所以

$$V(S, t_2^-) = -V_{\text{sat}}, \quad V(S, t_2^+) = +V_{\text{sat}}$$

$$V(B, t_2^-) = \beta V_{\text{sat}} = V(B, t_2^+)$$

一个循环结束,振荡周期为

$$T = t_1 + t_2 = 2\beta \frac{V_{\text{sat}}}{E_{\text{DC}}} (R_+ + R_-) C$$

相应的频率为

$$f = \frac{1}{T} = \frac{1}{2\beta(R_+ + R_-)C} \frac{E_{\text{DC}}}{V_{\text{sat}}}$$

下面将通过实验来证明周期正比于 $R_- + R_+$, C , β , $1/E_{\text{DC}}$ 。

（3）特性观察

设计如图 8-8 所示的电路。令 $R_0 = R_{(+)} = R_4 = 1\ \text{k}\Omega$; R_4' , $R_{(-)}$ 阻值在 1～10 kΩ 之间可调; C 在 0.01～1 μF 之间可调。令

$$\beta = \frac{R_4}{R_4 + R_4'} = \frac{1}{2}, \quad R_{(+)} = R_{(-)} = 1\ \text{k}\Omega$$

用直流电源产生 $e(t) = E_{\text{DC}} = 5$ V。在图 8-11 中描绘 $V(S, t)$, $V(K, t)$, $V(E, t)$ 和 $V(B, t)$ 的波形,记录实验条件(示波器的参数),分析结果,并展开讨论。

• 通过实验分析张弛振荡器是如何通过调节 E_{DC} , β , $R_{(+)} C = R_{(-)} C$ 改变频率的。

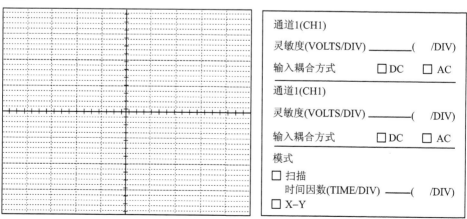

图 8-11 $V(S, t)$ 、$V(K, t)$ 、$V(E, t)$ 和 $V(B, t)$ 的波形

- 如果令 $R_{(-)} \neq R_{(+)}$，结果又有什么不同？

8.4 压控振荡器

考虑图 8-12 所示的电路。

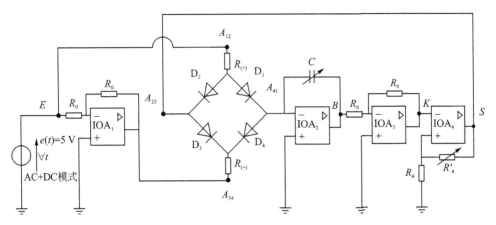

图 8-12 压控振荡器电路

测量一下

（1）特性观察

设计如图 8-12 所示的压控振荡器电路。令 $R_0 = R_{(+)} = R_4 = 1 \text{ k}\Omega$；$R_4'$，$R_{(-)}$ 大小在 $1 \sim 10 \text{ k}\Omega$ 之间；C 可调，大小在 $0.01 \sim 1 \ \mu\text{F}$ 之间。用信号发生器在 AC+DC 模式下产生信号 $e(t) = E_{DC} + E_p \cos 2\pi f_s t$。

1）选择合适的 E_{DC}，E_p 和 f 在示波器上产生较好的调频波形。在图 8-13 中

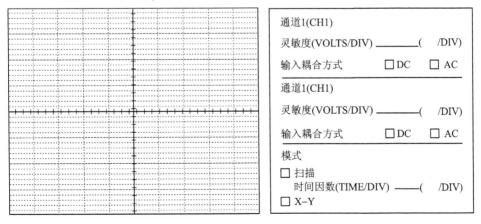

图 8-13 压控振荡器电路中 $V(S,t)$、$V(K,t)$ 的波形

描绘 $V(S,t)$ 和 $V(K,t)$,记录实验条件(示波器的参数),解释为什么这个电路被称为 VCO(Voltage Controlled Oscillator,压控振荡电路)。

  2) 定义一个"扫频宽度",说明它受哪些参数控制?

  3) 定义一个"扫频速率",说明它受哪些参数控制?

  4) 定义一个"中心频率",说明它受哪些参数控制?

调好显示波形,比较原信号频率 f_S 和振荡器输出信号的平均频率 f 的异同。

相关理论

(2) 结果分析

下面解释这个现象产生的原因。

设 $e(t)_{max} = E_{DC} + E_p$, $e(t)_{min} = E_{DC} - E_p$,平均值为 E_{DC} ,在 $[t_0, t_0 + \Delta t]$

$$\frac{1}{f} < \Delta t < \frac{1}{f_S}$$

条件下

$$f = \frac{1}{T_{arenage}} = \left[\frac{1}{2\beta(R_+ R_-)C} \right] \frac{E_{DC}}{V_{sat}}$$

$e(t)$ 变化很小,可近似认为是一个常数 $e(t_0)$ 。在此时间段内,在电路中存在很多振荡,它们的频率为

$$f_{[t_0, t_0 + \Delta t]} = \left[\frac{1}{2\beta(R_+ + R_-)C} \right] \frac{e(t_0)}{V_{sat}}$$

而在下一个时间段内,振荡频率变为

$$f_{[t_0 + \Delta t, t_0 + 2\Delta t]} = \left[\frac{1}{2\beta(R_+ + R_-)C} \right] \frac{e(t_0 + \Delta t)}{V_{sat}}$$

信号频率在随时间 t 缓慢改变,即频率被调制。

最大频率 $f_{max} = \left[\frac{1}{2\beta(R_+ + R_-)C} \right] \frac{E_{DC} + E_p}{V_{sat}}$ 、最小频率 $f_{min} = \left[\frac{1}{2\beta(R_+ + R_-)C} \right] \frac{E_{DC} - E_p}{V_{sat}}$ 、中心频率 $f_{ave} = \left[\frac{1}{2\beta(R_+ + R_-)C} \right] \frac{E_{DC}}{V_{sat}}$ 被 E_{DC} 所调制。

频率变化范围 $\Delta f = f_{max} - f_{min} = \left[\frac{1}{2\beta(R_+ + R_-)C} \right] \frac{2E_p}{V_{sat}}$ 被 E_p 所调制。而输出频率 f 从 f_{min} 变到 f_{max} 所需要的时间就是原信号周期 $T_S = \frac{2\pi}{\omega}$,受原信号频率 ω 所调制。这就是压控振荡器(VCO)的基本原理。

第9章 电磁波在同轴电缆中的传输特性研究

在本实验中,将了解电流和电压信号在同轴电缆中的传输特性,学习阻抗匹配的概念、理想同轴电缆中的信号波形、群速度、传输线终端反射波以及驻波等。

9.1 阻抗匹配

相关理论

图 9-1 所示电路中,E 为信号发生器等效电压源,Z_g 为其等效阻抗,Z 为外接负载。这里考虑的电压源是用戴维南等效模型 (E, R_g) 来表示的,等效电源 E 与实际使用电阻 R 相连。

当信号发生器传输的能量最大时,即称阻抗匹配。设信号发生器阻抗为 $Z_g = R_g + \mathrm{j} X_g$,实际外接负载阻抗为 $Z = R + \mathrm{j} X$。可以证明,当 $R_g = R$ 且 $X_g = -X$ 时,阻抗是匹配的。在这种情况下,$X_g = X = 0$,且 $u = E/2$。

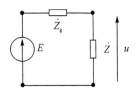

图 9-1 阻抗匹配原理

测量一下

1) 如图 9-2(a) 所示,信号发生器输出端连接一条特性阻抗为 $R_c = 50\ \Omega$ 的同轴电缆,电缆的另一头通过一个 BNC 三通(T 型头)转接到示波器,BNC 三通的另一个口悬空。

信号发生器输出方波,调节对称按钮使得矩形波的非对称性最大化;经过必要的调节,使得信号发生器输出宽度在 $50 \sim 100\ \mathrm{ns}$ 之间的脉冲,以几微秒的周期和 8 V 的幅值重复。记录下示波器上显示的信号,并对所得方波图形进行分析。

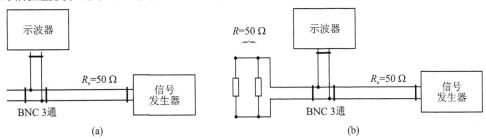

图 9-2 阻抗匹配测量电路

思考: 当示波器的输入阻抗为 1 MΩ 时,与同轴电缆的特征阻抗相差甚远,对波形有何影响?

2)将两个 100 Ω 电阻模块并联,得到一个 50 Ω 电阻,接入到 BNC 三通的另一头,在图 9-3 中记录下示波器上显示的信号,并对所得方波图形进行分析。解释新信号的幅值改善的原因。

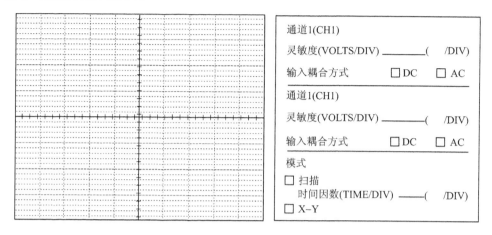

图 9-3 阻抗匹配测量电路中示波器所示波形

9.2 理想同轴电缆中的信号波形

 相关理论

9.2.1 同轴电缆的理论模型

考虑同轴电缆的一段微元,其等效电路可由图 9-4 所示的模型表示。

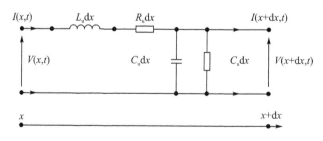

图 9-4 同轴电缆微元等效电路

同轴电缆由以常值形式分布在传输线上的常数 L_u,C_u,R_u 和 G_u 来表征。R_u 为传输线的电阻,单位是 Ω;G_u 为漏电导纳,单位是 $\Omega^{-1} m^{-1}$;芯线和其周围的圆筒屏蔽线之间的绝缘层并非真空,而是相对介电常数为 $\varepsilon_r = 2.3$ 的聚乙烯。在上述条件

下,结合电磁学中的内容,可以证明电容 C_u(单位为 F, m^{-1})和电感 L_u(单位为 $H\ m^{-1}$)表达式如下:

$$C_u = \frac{2\pi\varepsilon_0\varepsilon_r}{\ln\dfrac{b}{a}}, \quad L_u = \frac{\mu_0}{2\pi}\ln\frac{b}{a}$$

介电介质(绝缘)的相对介电常数与介质的折射率 n 有关,$\varepsilon_r = n^2$,其中 $\varepsilon_0\mu_0c^2 = 1$。$I$ 和 V 在电线中的传输可由下面的耦合方程组来描述:

$$L_u\frac{\partial I(x,t)}{\partial t} + R_u I(x,t) = -\frac{\partial V(x,t)}{\partial x}$$

且

$$C_u\frac{\partial V(x,t)}{\partial t} + G_u V(x,t) = -\frac{\partial I(x,t)}{\partial x}$$

消去 I,建立关于 I 和 V 的传导方程,即

$$\frac{\partial^2 V}{\partial x^2} = \frac{n^2}{c^2}\frac{\partial^2 V}{\partial t^2} + (L_u G_u + R_u C_u)\frac{\partial V}{\partial t} + R_u G_u V$$

对于理想同轴电缆,忽略传输线中的损耗,即 $R_u = G_u = 0$,可得理想电缆传输线的方程为

$$\frac{\partial^2 V}{\partial x^2} = \frac{n^2}{c^2}\frac{\partial^2 V}{\partial t^2}$$

上述传导方程的解可写为

$$I(x,t) = I_0 \exp i(\omega t - kx) + I_1 \exp i(\omega t + kx)$$
$$V(x,t) = R_c[I_0 \exp i(\omega t - kx) - I_1 \exp i(\omega t + kx)]$$

后文会证明 $R_c = \sqrt{\dfrac{L_u}{C_u}}$。$R_c$ 称为同轴电缆的特征电阻,实验中用到的传输线电阻值为 $R_c = 75\ \Omega$;继而可得传输线中的相速度表达式为 $v_\varphi = \dfrac{\omega}{k}$。

$V(x,t)$ 和 $I(x,t)$ 表达式右边的两项可以分别看成沿传输线正向和反向传输的波,即入射波和反射波。

在同轴电缆边缘,$x = L$ 处接入实际使用电阻 R,可推导出电流和电压表达式为

$$I(x,t) = I_0[\exp i(\omega t - kx) - r\exp i(\omega t + kx)]$$
$$V(x,t) = R_c I_0[I_0 \exp i(\omega t - kx) + r\exp i(\omega t + kx)]$$

其中,r 是反射系数(复数),即

$$r = \frac{R - R_c}{R + R_c}\exp(-i2kL)$$

上述表达式中,$\exp(-i2kL)$ 这一项表示反射波相对于入射波的相位延迟。在 $R = R_c$ 时,传导介质可以看做是无穷长。

9.2.2　终端开路

考虑输入传输线的信号为单频信号的情况。由于电流和电压表达式相同,这里

只研究电压表达式。

首先研究传输线开路的情况,对应于 $R \rightarrow \infty$,可得电压的复数域表达式为

$$V(x,t) = R_c I_0 \exp i(\omega t - kL)[\exp -ik(x-L) + \exp ik(x-L)]$$

相应地,其实数域表达式为

$$V(x,t) = 2V_0 \cos(\omega t - kL)\cos k(k-L)$$

当传输线中的波为驻波时,电压表达式可写作一个仅与空间向量相关的实函数和一个仅与时间相关的实函数的乘积。

下面研究 $x=0$ 处电压的幅值,V_0 为给定的常量。实际上,若将观察点设于同轴电缆起始点,该操作可通过合理放置示波器的位置来实现。

设电压 $V(0,t) = 2V_0 \cos(kL)\cos(\omega t - kL)$ 的幅值为 $2V_0|\cos(kL)|$。不难证明,当频率值为

$$f_{pV} = p\,\frac{c}{n2L} \quad \text{和} \quad f_{pN} = (2p+1)\,\frac{c}{n4L}$$

在 $x=0$ 处可观察到波腹(最大幅值)或波节(幅值为零),其中 p 为自然数。

请给出对应最低频率的波节和波腹的数值解,设 $L=50$ m。

9.2.3 终端短路

接下来,考虑同轴电缆端点短路的情况,对应于 $R \rightarrow 0$。同理,可证明电压的实数形式表达式为

$$V(x,t) = 2V_0 \sin(\omega t - kL)\sin k(x-L)$$

可重新得到驻波。

试将这两种情况下的波节和波腹位置进行对比。

9.3 信号在同轴电缆中的传输特性观察

🔍 **测量一下**

请搭建图 9-5 所示的电路,采用 50 m 长的同轴电缆,其特性阻抗为 $R_g = 75\ \Omega$。

(1) 传播速度

以 50 ns/DIV 进行扫描,观察示波器的两条通道上检测到的脉冲信号图。

记录信号图形,测出脉冲信号之间的间隔时间,下文会对所使用的方法进行解释。综合考虑测量误差,求出群速度的大小。

经观察发现,信号形状在传播过程中几乎没有变形,衰减问题将在后面作讨论。由于观测信号变形极小,可将传输线看做是理想的,即相速度等于群速度。在折射率为 n 的电介质中,有

$$v_{\text{groupe}}\, v_{\text{phase}} = \frac{c^2}{n^2}$$

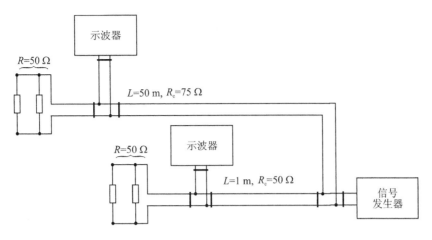

图 9 - 5 同轴电缆特性测量电路

基于上面的测量数据,求出同轴电缆中聚乙烯的折射率 n。

(2) 衰减系数

实际中使用的同轴电缆中仍包含微弱的电阻,会使信号在传输过程中有衰减。一般情况下波的矢量形式写作 $k = k' + ik''$,其中 k' 和 k'' 均为实数。

下面来研究上面用到的脉冲信号的衰减。该解的形式为

$$A(x,t) = A_1 \exp(-k'x)\exp i(-k''x) + A_2 \exp(k'x)\exp i(k''x)$$

思考:

• 对于 $x > 0$ 且 x 增大时的信号传输,为了使得所求解具有物理意义,k'' 需满足什么条件?

• 已知 x 处的波幅相对于 $x = 0$ 处的波幅成比例关系,且比例系数为 $\exp(-\beta x)$,求特性阻抗为 75Ω 的白色传输线的 $\beta(\mathrm{m}^{-1})$ 值。

文献中,一般取同轴电缆的衰减系数数量级为 5×10^{-3} dB/m,结合上述结果分析该取值的合理性。

(3) 终端开路的情况

在图 9-5 中,将 75 Ω 的终端电阻换成电阻箱。

实验过程中传输线端点的电阻 R_u 是变化的。首先,实现 $R \to \infty$。注:将示波器通道 2 设置为 OFF。

按照 5 μs/DIV 在示波器上扫描,观察接连出现的反射波。将扫描时间逐渐减小至 5ns。记录所得波形图。

确认连续波峰间距的等值性,可重新得到前面计算出的群速度值。

当信号波到达传输线末端,并与另一种具有衰减特性的介质相遇时,连续出现的波峰高度由反射系数和传播系数共同确定。基于理论部分可推导出下面公式,通过该式可确定记录的前两个反射波的符号。

$$\frac{R_u - R_c}{R_u R_c}$$

信号入射时,在传输线端点反射。反射波到达信号发生器时,信号在两个并联的 50Ω 的电阻处发生反射。这两个电阻由连在示波器上的传输线的特性阻抗和仪器上标示的信号发生器内阻构成,故从反射回来这一端观测的电阻是 25Ω。在分析时需将这一点考虑进去。

(4) 终端短路的情况

在传输线端点放置一个短路线路。重复上面的操作,并指出这两种情况的不同之处。

需要补充的是,"电流 $I(x,t)$" 和"电压 $V(x,t)$" 这两个物理量,在传输时满足达朗贝尔方程。这些物理量的传输(单向)是其在空间和时间的导数相互耦合的结果,即

$$\frac{\partial I}{\partial t} = -\frac{1}{A}\frac{\partial V}{\partial x} \qquad \text{且} \qquad \frac{\partial V}{\partial t} = -\frac{1}{\Gamma}\frac{\partial I}{\partial x}$$

需要指出的是,"特性阻抗"与通常理解的电阻不是一个概念,与传输线的长度无关,也不能使用欧姆表来测量。为了不产生反射,负载阻抗跟传输线的特征阻抗应该相等,这就是传输线的"阻抗匹配";如果不匹配,则会形成反射,能量传递不过去,降低效率,并会在传输线上形成驻波,导致传输线的有效功率容量降低。

第 10 章　乘法器用于超声多普勒测速中的应用

在本实验中,将基于模拟乘法器的超声多普勒效应实验仪,把超声发射换能器的激励信号和经过限幅放大处理后的接收换能器的输出信号作为模拟乘法器的输入,将乘法器的输出经过低通滤波器后得到多普勒频移信号,从而获得接收换能器的运动速度。

 相关理论

10.1　多普勒效应测速原理

多普勒效应是指波在波源移向观察者时接收频率变高,而在波源远离观察者时接收频率变低;观察者移动时也能得到同样的结论。

根据声波的多普勒效应公式,当声源与接收器之间有相对运动时,接收器收到的信号频率 f 为

$$f = \frac{u + v_1 \cos\alpha_1}{u - v_2 \cos\alpha_2} f_0 \qquad (10-1)$$

式中,f_0 为声源发射频率,u 为声速,v_1 为接收器运动速度,v_2 为声源运动速率,α_1 是声源和接收器连线与接收器运动方向之间的夹角,α_2 是声源和接收器连线与声源运动方向之间的夹角。

在实验过程中,声源保持不动,接收换能器在导轨上沿声源与接收换能器连线方向上运动,则由式(10-1)可知接收换能器上得到的信号频率为

$$f = \left(1 + \frac{v}{u}\right) f_0 \qquad (10-2)$$

式中,v 为接收换能器的运动速度,当向着声源运动时,v 取正,反之取负。利用式(10-2)可以得到接收换能器的运动速度为

$$v = \left(\frac{f - f_0}{f_0}\right) u = \frac{\Delta f}{f_0} u \qquad (10-3)$$

式中,$\Delta f = f - f_0$ 为多普勒频移。

10.2　信号处理电路

本实验采用的信号处理电路如图 10-1 所示,其中模拟乘法器采用了 AD633,

其信号的输入输出关系为

$$W = \frac{(x_1 - x_2)(y_1 - y_2)}{10} + z \qquad (10-4)$$

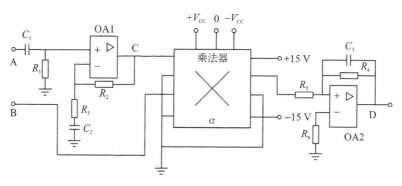

图 10-1 信号处理电路

若输入到 AD633 的信号为 $x_1 = E_1 \cos(2\pi f_0 t + \varphi_1)$，$y_1 = E_2 \cos(2\pi f t + \varphi_2)$，$x_2, y_2$ 以及 z 均接地,则 AD633 的输出为

$$W = \frac{E_1 E_2}{20} \left\{ \cos\left[2\pi(f + f_0)t + \varphi_2 + \varphi_1\right] + \cos\left[2\pi(f - f_0)t + \varphi_2 - \varphi_1\right] \right\}$$

$$(10-5)$$

式(10-5)中包含了两路信号的和频分量与差频分量。利用低通滤波器可以提取其中的差频分量,即多普勒频移,从而计算出接收换能器的运动速度。

在实际测量过程中,由于接收换能器与声源(发射换能器)的距离在不断变化中,因此接收换能器输出信号的幅度不是恒定值。为了保证乘法器的输出信号幅度稳定,采用 OA1 组成限幅放大电路,使输入到乘法器的信号幅度保持恒定值,以便于观察。因为本实验中只关心输出信号的频率,所以对接收换能器输出信号幅度的处理不会影响到实验结果。利用 OA2 构建的有源低通滤波器,可以有效提取多普勒频移信号。

10.3 光电门测速原理

为与多普勒效应测速的结果进行比较,本实验还采用光电门方法进行测速。将挡光片安装在移动小车上,当小车通过光电门时,将产生二次挡光,根据光电门输出端产生的两个脉冲上升沿之间的时差和挡光片空白处的长度(0.88 cm),可以计算出小车的相应速度。

10.4 超声多普勒实验仪

(1) DH - DPL1 多普勒效应综合实验仪导轨

本实验所使用的机械平台是杭州大华出品的 DH - DPLl 多普勒效应实验仪的导轨,如图 10 - 2 所示。在该装置中,超声发射换能器固定于导轨一端,接收换能器则安装在由步进电机控制的小车上,可以在接收与发射换能器连线方向上做匀速直线运动,运动速度最高可达 47 cm/s。换能器的谐振频率为(37±2) kHz。在靠近导轨两端处有限位开关,用于防止小车运动时出现过冲。在导轨中段则有一光电门,可用于检测固定在小车上的 U 型挡光片的速度,从而与利用超声多普勒方法测到的小车运动速度比对,验证多普勒效应的公式。

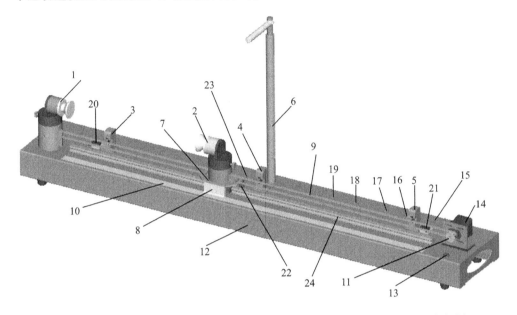

1. 发射换能器；2. 接收换能器；3,5. 左右限位保护光电门；4. 测速光电门；6. 接收线支撑杆；
7. 小车；8. 游标；9. 同步带；10. 标尺；11. 滚花帽；12. 底座；13. 复位开关；14. 步进电机；
15. 电机开关；16. 电机控制；17. 限位；18. 光电门 II；19. 光电门 I；20. 左行程开关；
21. 右行程开关；22. 行程撞块；23. 挡光板；24. 运动导轨

图 10 - 2　多普勒效应实验仪结构示意图

（2）智能运动控制系统

智能运动控制系统由步进电机、电机控制模块、单片机系统组成,用于控制载有接收换能器的小车的启、停及小车作匀速运动的速度,其控制面板如图 10 - 3 所示。

本实验使用的主要观察和测量工具是数字存储示波器。使用这种示波器的主要原因是:在实验过程中,小车的运动距离及时间有限,必须在其运动过程中及时将有关的信号波形储存,以便进行分析计算。本实验采用了 Tektmnix@TDsl002B 数字示波器,而超声发射换能器的激励信号则来自 Agilent@33220A 数字信号发生器。

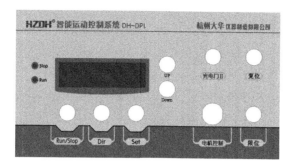

图 10 - 3　智能运动控制系统的控制面板

10.5　测　量

（1）确定换能器的谐振频率

多普勒效应实验仪的换能器的谐振频率为 (37 ± 2) kHz。将信号发生器的信号输入到发射换能器，将接收换能器与示波器连接。在 37 kHz 左右，连续改变信号发生器的输出频率，$V_{pp}=10$ V，观察示波器。当示波器上出现振幅较大的波形时，可确定此时的频率为换能器的谐振频率。改变接收换能器和发射换能器之间的距离，可观察到示波器上波形的振幅随之改变。经测量，此换能器的谐振频率为 37.1 kHz。

（2）连接线路

此实验线路较复杂，如图 10 - 1 所示。电路中各阻容元件的取值分别为 $R_1=100$ kΩ，$R_2=47$ kΩ，$R_3=1$ kΩ，$R_4=10$ kΩ，$R_5=1$ kΩ，$R_6=10$ kΩ，$C_1=0.47$ μF，$C_2=0.01$ μF，$C_3=0.1$ μF。

图 10 - 1 中 A 点连接接收换能器，B 点连接发射换能器，D 点连接示波器 CH2。多普勒效应实验仪上的光电门 I 连接一控制盒。该控制盒由正负 5 V 直流稳压电源供电，其输出端子既连接示波器的外部触发端子，又连接示波器的 CH1。

（3）利用超声多普勒实验仪测量小车的运动速度

让示波器工作在"单次采集模式"，即按下示波器上的 Single/SEQ 按钮。此时示波器屏幕上出现 R－Ready 符号。光电门输出的开关信号为示波器"单次采集"的触发信号。

按下智能运动控制系统的"Set"键，进入速度调节状态，按"Up"直至速度调节到某一特定值（低速状态或高速状态），按"Set"键确认。将小车置于导轨靠近端点，但处于限位保护光电门允许的范围内的某处，按"Run/Stop"键使小车匀速运动起来。当小车经过光电门时，将触发示波器采集并记录下信号。

10.6　数据处理

实验后,示波器将采集并记录如下信号。

图 10-4 中 CH1 是 U 型挡光片经过光电门时的输出信号,CH2 是图 10-1 所示信号处理电路的输出信号,即多普勒频移信号。

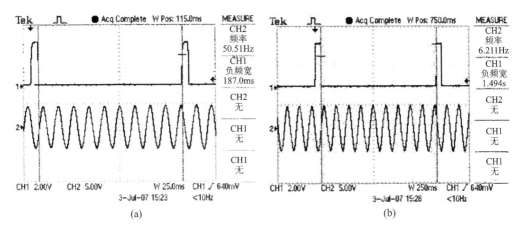

图 10-4　多普勒测速实验波形图

图 10-4(a)和图 10-4(b)分别对应高速和低速条件下实验的测量结果。由图 10-4(a)中 CH1 的波形可知,U 型挡光片中间透光区域经过光电门的时间为 187.0 ms,挡光片内侧长度为 88.0 mm,可以得到小车经过光电门时的速度为 47.1 cm/s;而由图 10-4(a)中 CH2 的波形可知,此时多普勒频移 Δf 为 50.51 Hz,实验时室温为 28 ℃,由声速的计算公式

$$u = 331.45 \sqrt{1 + \frac{t}{273.15}} \qquad \text{m/s}$$

可以得出此时空气中的声速 u 为 348.0 m/s,而超声频率 f_0 为 37.1 kHz,由式(10-3)可以得到利用超声多普勒效应测得的小车运动速度为 47.4 cm/s,与光电门测得的试验结果相符。图 10-4(b)是低速条件下的试验结果,其中 U 型挡光片中间透光区域经过光电门的时间为 1.494 s,多普勒频移 Δf 为 6.211 Hz,根据上述计算方法,可得到光电门测速结果为 5.9 cm/s,利用超声多普勒效应测得的速度为 5.8 cm/s,两者结果同样十分相符。

思考:在多次测量过程中,观察 U 型挡光片通过光电门时产生的两个脉冲信号之间的多普勒频差信号的周期数有何规律,思考其原因。

第 11 章　负电阻的模拟及其特性研究

在本实验中,将要利用以运算放大器为核心的电路来模拟一个负电阻,并研究其特性。

需要指出的是,在原理电路里标注的元器件参数值仅是为了节省调试时间,以便能迅速看到实验现象。实际操作过程中,鼓励改变参数值以便观察到不同的现象,了解改变某些参数值的原因,并能预测实验结果可能出现的变化,这将非常有助于对实验原理的深入理解。

11.1　负电阻的实现及阻值测量

(1)电路设计

按图 11 - 1 所示原理图,搭建实验电路。

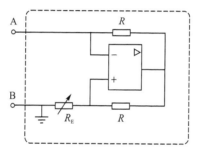

图 11 - 1　负电阻模块

在下文的讨论中,将此电路作为一个外接端口为 A、B 的模块处理,并将其称为 D_{AB},其电阻值为 R_{AB}。

元件参考值:$R = 4.7 \text{ k}\Omega$;$R_E = 1 \text{ k}\Omega, 2 \text{ k}\Omega, \cdots$

此处 R_E 被作为参考电阻。

注意:该模块的"B"端一定要连接"地"(是"大地",不是参考零电位)!

(2) 负电阻测量

请按图 11 - 2 所示的接线图,利用万用表的电阻档,测量 R_0 与负电阻模块 R_{AB} 串接后的阻值 $R_s = R_0 + R_{AB}$,把结果 R_s 填写在表 11 - 1 中。

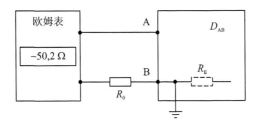

图 11 - 2　用万用表测量负电阻

表 11 - 1　负电阻模块电阻测量

R_E/Ω	0	500	1000	1500	2000
R_S/Ω ($R_0 = 0\Omega$)					
R_S/Ω ($R_0 = 1\,000\Omega$)					

请根据上述测量值,总结规律,给出结论。

11.2　负电阻的伏安特性研究

按图 11 - 3 所示的原理图,搭建实验电路。

在本实验中,MATRIX 8216 A 函数信号发生器作为信号源,因为该仪器与"大地"隔离,其连接 220V 的电源线只有两个接线柱,没有连接"大地"的接线柱(如有此接线柱,电路中的 R_0 就会被短路)。

对于有接"大地"端的信号发生器,可以通过隔离变压器输出信号。

(1) 伏安特性观察

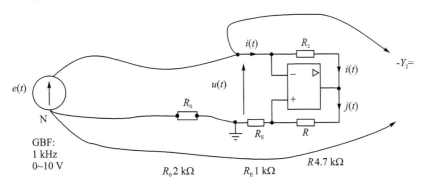

图 11 - 3　负电阻伏安特性测量电路

1) 让示波器工作在 X - Y 模式:

• 信号发生器的零电位端接示波器的 X 输入:在 X－Y 模式下,水平扫描偏转将正比于$-i(t)R_0$;

• 信号发生器的信号输出端接示波器的－Y 输入(Y 输入信号值反转)。可以认为此时运算放大器工作在线性状态,示波器测得的电压值与通过 D_{AB} 的电流成正比。

思考:为得到 D_{AB} 的伏安特性,为什么必须采用这种连接方式?

 测量一下

2) 特性观察。将图 11－3 中的 N 端连接到示波器的 X 输入(接入示波器的 CH1 输入端),A 端(参考图 11－1)连接到示波器的 Y 输入(接入示波器的 CH2 输入端);

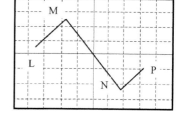

调节信号发生器的输出参数,可以观察到图 11－4 所示的曲线。做出如下改变,观察图中曲线如何变化:

图 11－4　负电阻的伏安特性曲线

• 改变信号发生器输出信号的幅值;

• 改变信号发生器输出信号的频率;

• 改变电阻 R_0 的值;

(2) 伏安特性分析

令信号发生器输出的幅值 $E_{gene}=10\ V$,频率 $f=1\ kHz$,$R_0=2\ k\Omega$,观察得到的曲线。

• 将观测到的李萨如曲线描绘在图 11－5 中,并记录此时的实验条件(示波器的参数);

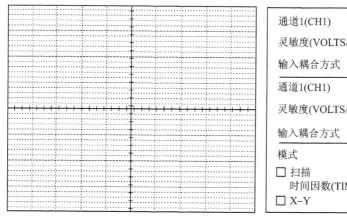

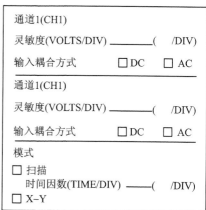

通道1(CH1)		
灵敏度(VOLTS/DIV) ＿＿＿＿（　/DIV)		
输入耦合方式	□DC	□AC
通道1(CH1)		
灵敏度(VOLTS/DIV) ＿＿＿＿（　/DIV)		
输入耦合方式	□DC	□AC
模式		
□扫描		
时间因数(TIME/DIV) ＿＿＿（　/DIV)		
□X－Y		

图 11－5　观察到的负电阻伏安特性曲线

• 改变其中某个或几个参数,曲线又发生了什么变化? 请给出解释。

思考: ①要使 D_{AB} 呈现出负电阻特性,必须满足哪些条件? 在图中的 MN 段,运算放大器工作于线性状态吗? 如何能通过实验进行验证?

11.3　基于负电阻的 r、L、C 电路研究

本节将研究在 $|r| \ll \omega_0 L$ 条件下,r、L、C 电路的特性。

11.3.1　负电阻振荡电路

相关理论

(1) 基本电路

如图 11-6 所示,运算放大器处于线性工作状态,连接到示波器 CH2 通道(Y2)的电压为

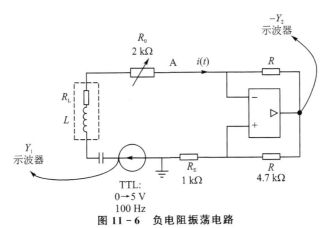

图 11-6　负电阻振荡电路

$$S(t) = i(t)(R + R_E)$$

设 $r = R_L + R_0 - R_E$,则图 11-6 可以等效为图 11-7 所示的等效电路,由此可以得到

$$e(t) = ri + L\,\mathrm{d}i/\mathrm{d}t + u_c, \quad i = C\,\mathrm{d}u_c/\mathrm{d}t$$

$$LC\frac{\mathrm{d}^2 u_c}{\mathrm{d}t^2} + rC\frac{\mathrm{d}u_c}{\mathrm{d}t} + u_c = e(t)$$

对于阶跃激励

$$e(t) = \begin{cases} 0 & t \leqslant 0 \\ E_0 & t > 0 \end{cases}$$

得到的响应为

$$i(t) = E_0 C \left(\frac{r^2}{4\omega L^2} \times \sin \omega t - \frac{r}{2L} \cos \omega t \right) e^{-\left(\frac{r}{2L}\right)t}$$

$$\omega_0^2 L C = 1, \quad \omega = \omega_0 \times \sqrt{\left(1 - \frac{r^2 C}{4L}\right)}$$

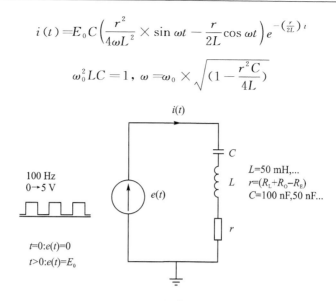

图 11-7　负电阻振荡电路的等效电路

（2）特性分析

令 $|r| \ll \omega_0 L$，在 $r < 0$ 和 $r > 0$ 情况下画出电流 $i(t)$ 的变化图。

思考：由 $i(t)$ 的变化，可以得到什么结论？

11.3.2　阶跃激励响应

思考：利用信号发生器可以产生矩形波信号，但如果要观察电路的阶跃响应，怎样调节信号发生器的周期以获得阶跃响应？

测量一下

用万用表测量电感（50mH）线圈的电阻 R_L。按图 11-6 所示电路，首先把 R_0 调到 2 kΩ；示波器处于外部同步触发模式，即信号发生器的 TTL 输出连接示波器的外部同步输入，触发源选择"外部触发"；观察示波器上的波形，逐步减小 R_0 的值，可以观察到图 11-8 所示的振荡衰减波形。

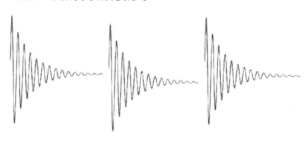

图 11-8　振荡衰减波形

- 改变信号发生器输出信号的频率,图像有何变化?
- 改变 R_0 的值,图像有何变化?

11.3.3　自由振荡

调节 R_0 减小到某个值 R_{0c} 时,可以观察到没有衰减的等幅振荡,这是由于运算放大器处于饱和状态所导致!

去掉信号发生器,并用导线替代,得到如图 11-9 所示电路。

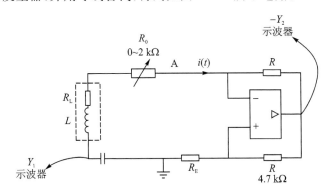

图 11-9　自由振荡电路

(1) 振荡波形观察

请仔细观察波形,并思考以下问题:

- 当 R_0 的值在 R_{0c} 附近变化时,图像有什么变化?
- 振荡信号是正弦波吗?
- 最后的振幅是多少?
- 影响最后振幅的因素是什么?

(2) 振荡波形的最大振幅研究

为便于波形分析,建议使用 Eurosmart 数据采集模块和 LATIS Pro 软件。

保持原来的示波器连接不变,将运算放大器的输出(连接示波器 CH2 的一端)同时连接到数据采集模块的 EA0,原来连接示波器 CH1 通道(Y1)的一端同时连接到数据采集模块的 EA1,观察示波器与计算机屏幕上 LATIS Pro 软件显示图像是否有区别。

调节 R_0 的值,使之在 R_{0c} 附近变化,可以观察到图 11-10 所示的起振过程。

注意:示波器的触发电平要调节正确!

暂态过程观察:

- 在 LATIS Pro 软件上做什么样的调整,可

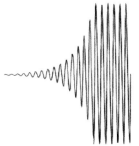

图 11-10　起振曲线

以捕捉到暂态过程?

· 对于该 r，L，C 电路,初始脉冲"$E0$"与哪些参数或条件有关?

（3）振荡波形分析

利用 LATIS Pro 软件的 FFT 功能,获得 EA0 和 EA1 输入波形的频谱。哪一个更像"正弦波"? 为什么?

11.3.4 振幅控制及正弦波的产生

要产生振荡,需要满足 $r = R_{\mathrm{L}} + R_0 - R_{\mathrm{E}} \approx 0$ 的条件。为了限制振荡波形的振幅,需要减小负电阻的绝对值。

在实验中,将会使用一种小灯泡,当流过灯泡的电流增加时,灯丝的温度上升,电阻将增大,由此实现振幅的控制。

1）在图 11-9 电路中,调节 R_0 的值,确认振荡波形的振幅可控。建议 R_0 使用多圈电位器,阻值精确可调(分辨率达 0.1Ω)。

2）在电路中串联接入小灯泡,如图 11-11 所示。

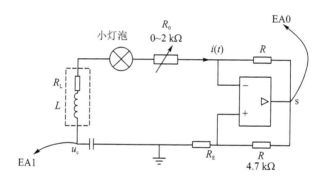

图 11-11 振荡振幅控制电路

3）调节 R_0 的值,使运算放大器输出波形的振幅为 5V。

思考: 此时 EA1 端波形的振幅是多少? EA1 端波形与运算放大器输出端(S 端)的振幅有何差别? 为什么?

· 测量此时 R_0 的值。注意,测量时必须断开 R_0 的连接,用万用表测量阻值!

· 计算小灯泡的阻值,以及通过回路的最大电流值。

利用 LATIS Pro 软件的 FFT 功能,获得图 11-10 中 u_c 和 S 端波形的频谱,比较两者之间的差异并解释原因。

· 调节 R_0 的值,使运算放大器输出波形的振幅为 10V。

重复 3）的过程,并与之比较。

11.3.5 电感线圈表观电阻的研究

在图 11-11 中,去掉小灯泡,同时断开与示波器 CH1 的连接,否则示波器的输入电阻会影响到随后的测量结果。

电路起振时，$r=0$，故有 $R_L+R_0-R_E=0$，$R_L=R_E-R_0$。

电感值调至 $L=50$ mH。

改变电容值，可以改变振荡频率；调节 R_0 的值使之接近 R_{0c}，电路起振。

请填写下面的表 11-2。

表 11-2　电容与振荡频率关系表

	100 nF	20 nF	10 nF	5 nF	3 nF
R_0/Ω					
$R_L=(R_E-R_O)$					
f/Hz					

在直流条件下，电感的阻值 R_L 可以用万用表测得。

请画出电感线圈表观电阻 R_L 与频率 f^2 的关系曲线，寻找合适的多项式对曲线进行拟合；对此电感线圈表观电阻随频率变化的情况进行分析并给出解释。

第 12 章　耦合摆特性模拟及振动耦合现象研究

耦合振动是指几个相互独立的振动通过力、电场或磁场等方式发生关联,从而实现振动间能量转换的过程。耦合振动现象普遍存在于生产生活当中,既能产生极大的危害,亦可为人们所利用。

在本实验中,将从力学和电学角度比较研究耦合摆和耦合振荡器的耦合现象,在了解其理论模型和数学原理的基础上,搭建电路进行测试和分析,掌握自由振荡和受激振荡的基本特性。

12.1　耦合摆的力学模型及振动特性

机械耦合摆的模型如图 12-1 所示。假设两个单摆长度均为 L,质量相等,记为 $m_1 = m_2 = m$;忽略连杆和弹簧的质量及摩擦;在小角度振动条件下,$\sin\theta \approx \theta$,其运动方程可以表述为

$$\begin{cases} \ddot{\theta}_1 + \omega_0^2\theta_1 + \rho(\theta_1 - \theta_2) = 0 \\ \ddot{\theta}_2 + \omega_0^2\theta_2 + \rho(\theta_2 - \theta_1) = 0 \end{cases} \tag{12-1}$$

其中,$\omega_0 = \sqrt{\dfrac{mgL}{I}} = \sqrt{\dfrac{g}{L}}$,为单摆的固有振动频率;$\theta_1$ 和 θ_2 为两个单摆的摆角;$\rho = \dfrac{kL^2}{I}$,为耦合系数;k 为弹簧的劲度系数;I 为单摆绕支点的转动惯量。

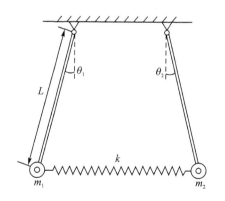

图 12-1　耦合摆力学模型

将式(12-1)用简振坐标 $s(t)$ 和 $d(t)$ 表述,并令

$$s(t)=\theta_1+\theta_2, \quad d(t)=\theta_1-\theta_2 \qquad (12-2)$$

则式(12-1)在新坐标下的形式为

$$\begin{cases} \ddot{s}+\omega_0^2 s=0 \\ \ddot{d}+(\omega_0^2+2\rho)d=0 \end{cases} \qquad (12-3)$$

方程的解为

$$s(t)=A_s\cos(\omega_s t+\varphi_s), \quad d(t)=A_d\cos(\omega_d t+\varphi_d) \qquad (12-4)$$

其中,$\omega_s=\omega_0=\sqrt{\dfrac{g}{L}}$,$\omega_d=\sqrt{\dfrac{g}{L}+\dfrac{2k}{m}}$,$A_s$,$A_d$,$\varphi_s$,$\varphi_d$由初始条件决定。

通过式(12-2)和式(12-4),可以得到耦合摆的摆角为

$$\begin{cases} \theta_1(t)=\dfrac{1}{2}[s(t)+d(t)]=\dfrac{1}{2}[A_s\cos(\omega_s t+\varphi_s)+A_d\cos(\omega_d t+\varphi_d)] \\ \theta_2(t)=\dfrac{1}{2}[s(t)-d(t)]=\dfrac{1}{2}[A_s\cos(\omega_s t+\varphi_s)-A_d\cos(\omega_d t+\varphi_d)] \end{cases}$$
$$(12-5)$$

由此可见耦合摆的振动其实是两个简谐振动$s(t)$和$d(t)$的叠加,它们表征的是耦合摆的两个固有振动,因此也叫做简振坐标。

根据式(12-5),在不同的初始条件下,耦合摆能够呈现出如下三种典型振动形式。

(1) 本征振动模式一

设初始状态下,两个摆均处于静止状态,摆角均为θ_0,如图 12-2(a)所示。

初始条件为

$$t=0: \theta_1=\theta_2=\theta_0, \quad \frac{\mathrm{d}\theta_1}{\mathrm{d}t}=\frac{\mathrm{d}\theta_2}{\mathrm{d}t}=0$$

解得

$$\theta_1(t)=\theta_2(t)=\theta_0\cos(\omega_s t) \qquad (12-6)$$

即耦合摆以固有振动频率ω_s振动,两单摆做同频同相摆动,弹簧不对其产生影响。

(2) 本征振动模式二

设初始状态下,两个摆均处于静止状态,摆角均为θ_0,但符号相反,如图 12-2 (b)所示。

初始条件为

$$t=0: \theta_1=\theta_0, \theta_2=-\theta_0, \quad \frac{\mathrm{d}\theta_1}{\mathrm{d}t}=\frac{\mathrm{d}\theta_2}{\mathrm{d}t}=0$$

解得

$$\theta_1(t)=\theta_0\cos(\omega_d t), \theta_2(t)=-\theta_0\cos(\omega_d t) \qquad (12-7)$$

即耦合摆以固有振动频率ω_d振动,两单摆做同频反相运动,同时对弹簧进行压缩或拉伸。

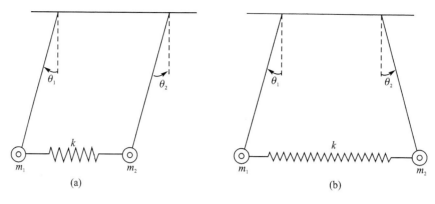

图 12-2　本征振动模式一和模式一示意图

（3）拍振动

设初始状态下，两个摆均处于静止状态，其中一个摆（如摆 1）的摆角为 θ_0，另一个为 0。

初始条件为

$$t=0:\theta_1=\theta_0, \quad \theta_2=0, \quad \frac{\mathrm{d}\theta_1}{\mathrm{d}t}=\frac{\mathrm{d}\theta_2}{\mathrm{d}t}=0$$

解得

$$\begin{cases} \theta_1(t)=\theta_0\cos\left(\dfrac{\omega_\mathrm{d}-\omega_s}{2}t\right)\cos\left(\dfrac{\omega_s+\omega_\mathrm{d}}{2}t\right) \\ \theta_2(t)=-\theta_0\sin\left(\dfrac{\omega_\mathrm{d}-\omega_s}{2}t\right)\sin\left(\dfrac{\omega_s+\omega_\mathrm{d}}{2}t\right) \end{cases} \quad (12-8)$$

此情况下，在振动过程中，单摆 1 由初始摆角 θ_0 逐渐减小为零，同时单摆 2 由零逐渐增大到摆角 θ_0；之后单摆 2 摆角又逐渐减小为零，而单摆 1 则由零增大为 θ_0，如此循环往复。这种振动模式被称为"拍振动"，其中摆幅相邻零点之间的波形包络即为"拍"，两单摆的"拍"相位差为 $90°$，其振幅随时间变化情况如图 12-3 所示。

上述结果反映了耦合摆的主要振动特性。机械耦合摆作为一种通过力的作用实现耦合的装置，具有结构简单、演示效果直观的特点。通过学习耦合摆模型可以初步了解多自由度振动耦合的特点，但是在实际制作和使用过程中，也存在一些问题。

首先，耦合摆机械装置的各部件难以调整，一旦结构固定，其振动特性就完全固定，很难针对某一参数进行对比实验；其次，一般用于教学实验的耦合摆，机械装置摩擦力较大，自由振动时其摆幅衰减较快，很难持续观察其固有振动特性；另外，由于机械装置的参数不完全对称，使得耦合摆失谐效应较为明显；再就是机械耦合摆不便于附加外力驱动结构，且固有频率间隔小，因此观察其共振现象的难度较大。为此，本实验根据机械耦合摆的数学模型，通过一种互感耦合装置，模拟机械耦合摆的振动耦合和能量转换过程，具有结构简单，易于演示，参数调节和激励加载简便等特点；另

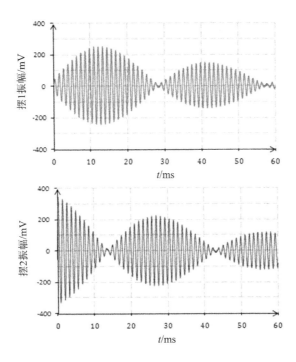

图 12 - 3　拍振动模式下两个单摆振幅随时间变化示意图

外,还可以克服机械耦合摆耦合系数较小的缺点,使固有振动频率 ω_s 与 ω_d 差值变大,实验现象更为明显。

12.2　互感式振荡耦合

　　本实验研究的是由两个相同类型的电振荡器 $(r,L,C$ 电路)组成的系统,通过两个电感线圈的互感 M 产生的耦合,虽然与耦合摆的物理模型不同,但是数学模型基本一致,因此通过本实验可以:

- 理解自由振荡的工作原理,以及描述自由振荡的两种本征模式;
- 验证任何自由振荡模式都是这两种本征模式的线性叠加;
- 了解强迫激励模式:两种共振。

　　(1) 主要设备

- 两个特性参数相同的线圈:线圈是通过将漆包线(铜线)缠绕在绝缘圆筒上制成的,没有任何铁芯(如果线圈有铁芯,则可能产生各种不易控制的损耗)。线圈绕 1 000 匝,电感 L 约为 40 mH,电阻 R 约为 5 Ω,电容 C 约为 10(或 20) nF。当然如果用 500 匝的线圈也可以。

- 示波器和基于 PC 的数据采集及分析系统(例如,由 Eurosmart 数据采集卡和 LATIS Pro 分析软件组成的系统)。

- 能输出同步信号的函数信号发生器。

在实验过程中,将会用到示波器或采样卡的外同步功能。

相关理论

(2)特性分析

设有两个串联的 RLC 电路,其两个线圈彼此相隔很短的距离,线圈间将通过互感产生耦合,等效电路如图 12-4 所示。

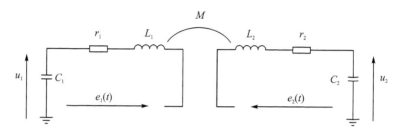

图 12-4 RLC 串联互感耦合电路

设 $e_1(t)$ 和 $e_2(t)$ 分别为两个信号发生器的输出,L_1 和 L_2 分别为两个线圈的电感,M 为互感系数,i_1 和 i_2 分别为两个回路中的电流,u_1 和 u_2 分别为两个电容两端的电压。根据基尔霍夫定律可以得到

$$\begin{cases} L_1 \dfrac{\mathrm{d}i_1}{\mathrm{d}t} + r_1 i_1 + u_1 + M \dfrac{\mathrm{d}i_2}{\mathrm{d}t} = e_1 \\ L_2 \dfrac{\mathrm{d}i_2}{\mathrm{d}t} + r_2 i_2 + u_2 + M \dfrac{\mathrm{d}i_1}{\mathrm{d}t} = e_2 \end{cases} \tag{12-9}$$

因为

$$i_1 = C_1 \frac{\mathrm{d}u_1}{\mathrm{d}t}, \quad i_2 = C_2 \frac{\mathrm{d}u_2}{\mathrm{d}t}$$

可以得到

$$\begin{cases} L_1 C_1 \ddot{u}_1 + r_1 C_1 \dot{u}_1 + u_1 + M C_2 \ddot{u}_2 = e_1 \\ L_2 C_2 \ddot{u}_2 + r_2 C_2 \dot{u}_2 + u_2 + M C_1 \ddot{u}_1 = e_2 \end{cases} \tag{12-10}$$

由于每个微分方程中都包含了 u_1 和 u_2,因此该方程组展示了两个电路间的耦合情况。

设两个电路中使用的电感线圈和电容相同,即 $L_1 = L_2 = L$,$C_1 = C_2 = C$,并且为简单起见,设电感的内阻 $r_1 = r_2 = 0$,则有

$$LC\ddot{u}_1 + u_1 + MC\ddot{u}_2 = e_1$$

$$LC\ddot{u}_2 + u_2 + MC\ddot{u}_1 = e_2$$

令

$$s(t) = u_1(t) + u_2(t), \quad d(t) = u_1(t) - u_2(t)$$

可以得到

$$\ddot{s} + \omega_s^2 \cdot s = \omega_s^2 \cdot (e_1 + e_2)$$
$$\ddot{d} + \omega_d^2 \cdot d = \omega_d^2 \cdot (e_1 - e_2)$$

(12−11)

式中，ω_s 和 ω_d 为脉动角频率，即

$$\omega_s^2 = \frac{1}{(L+M)C} = \frac{1}{(1+M/L)LC} = \frac{\omega_0^2}{1+k}$$

$$\omega_d^2 = \frac{\omega_0^2}{1-k}$$

$$\omega_0 = \frac{1}{\sqrt{LC}}$$

其中，$k = \dfrac{|M|}{L}$ 称为耦合系数，M 的符号与两个耦合线圈绕组的方向（同名端与异名端）有关。当 k 很小时，可以得到

$$\omega_s = \frac{\omega_0}{\sqrt{1+k}} \approx \omega_0 \left(1 - \frac{1}{2}k\right)$$

$$\omega_d = \frac{\omega_0}{\sqrt{1-k}} \approx \omega_0 \left(1 + \frac{1}{2}k\right)$$

12.3　耦合振荡器

 相关理论

12.3.1　振荡模式

在无源（$e_1(t) = 0$，$e_2(t) = 0$）且系统的初始条件得到很好满足的情况下，可以得到自由振荡（任何自由振荡都可以看作是两种本征模式的线性叠加）。

（1）本征振动模式一

设初始条件为：两个电容器充有相同的电势 E_0，电流为零，即

$$u_1(0) = u_2(0) = E_0 = 常数$$
$$\dot{u}_1(0) = \dot{u}_2(0) = 0$$

在 $t = 0$ 时刻，两个电路同时接通。通过求解定义 $s(t)$ 和 $d(t)$ 的两个微分方程的系统，可以得到

$$u_1(t) = u_2(t) = E_0 \cos(\omega_s t)$$

两个电势 $u_1(t)$ 和 $u_2(t)$ 具有相同的相位和相同的脉动 ω_s（如果考虑到每个电路中存在的电阻，可以验证由于电阻引起的衰减，会导致电势的幅值随时间减小）。

（2）本征振动模式二

设初始条件为：两个电容器充有相同的电势 E_0，但极性相反，电流为零，即

$$u_1(0)=E_0=常数，\quad u_2(0)=-E_0$$

$$\dot{u}_1(0)=\dot{u}_2(0)=0$$

在 $t=0$ 时刻，两个电路同时接通。同样，通过求解定义 $s(t)$ 和 $d(t)$ 的两个微分方程的系统，可以得到

$$u_1(t)=-u_2(t)=E_0\cos(\omega_d t)$$

两个电势 $u_1(t)$ 和 $u_2(t)$ 具有相反的相位和相同的脉动 ω_d。

（3）拍振荡

设初始条件为

$$u_1(0)=E_0=常数，\quad u_2(0)=0$$

$$\dot{u}_1(0)=\dot{u}_2(0)=0$$

通过求解定义 $s(t)$ 和 $d(t)$ 的两个微分方程的系统，可以得到

$$u_1(t)=\frac{1}{2}E_0(\cos\omega_d t+\cos\omega_s t)=E_0\cos\left(\frac{\omega_d-\omega_s}{2}t\right)\cos\left(\frac{\omega_d+\omega_s}{2}t\right)$$

$$u_2(t)=\frac{1}{2}E_0(\cos\omega_d t-\cos\omega_s t)=-E_0\sin\left(\frac{\omega_d-\omega_s}{2}t\right)\sin\left(\frac{\omega_d+\omega_s}{2}t\right)$$

可见，得到的解是上述两个本征振动模式的线性叠加。

请分析两个信号 $u_1(t)$ 和 $u_2(t)$ 的相位（电势的相位差为 90°）以及幅值的变化情况。

12.3.2　自由振荡的实验研究

（1）基本电路

搭建图 12-5 所示的电路，用欧姆表测量两个线圈 L_1 和 L_2 的电阻 r_1 和 r_2。

此电路利用运算放大器构建了跟随器电路（可以考虑使用比 $\mu A741$ 性能更好的运算放大器，如 TL081），同时包含一个电感值为 L_1、内阻为 r_1 的无铁芯线圈（绕数为 $500\sim1\,000$ 匝）以及一个可以得到精确值（100 或 50 nF）的电容器。

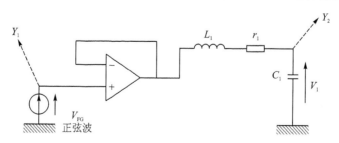

图 12-5　谐振频率及品质因子测量电路

接入电压跟随器的目的是为了消除信号发生器的输出电阻(一般为 50Ω 左右)对电路的影响。但需要注意的是,为了防止出现输出电流饱和,运算放大器的输出电流一般不超过 20 mA,因此信号发生器的输出信号幅度不要太大,一般在 2 V_{pp} 左右,实际操作时还应该仔细确认是否饱和。

 测量一下

(2) 表征谐振电路的参数

测量谐振频率 f_{01} 和 f_{02},以及品质因子。品质因子 $Q = f/\Delta f$,Δf 是谐振曲线的半功率宽度,等于最大幅值的 $1/\sqrt{2}$;但是,在 $Q > 1$ 的情况下,还可以得到 $Q = V_1/V_{FG}$;这样可以得到更高的精度。

实验时,把信号发生器的输出 $V_{FG}(t)$ 接到示波器的 CH1(Y1),电容两端的输出接到 CH2(Y2);

由 $L_1 = \dfrac{1}{C\omega_{01}^2}$,$L_2 = \dfrac{1}{C\omega_{02}^2}$ 和 $Q_1 = \dfrac{L_1\omega_{01}}{r_{e1}}$,$Q_2 = \dfrac{L_1\omega_{02}}{r_{e2}}$ 可以得到测量结果。

注意:由品质因子 Q 计算得到的电阻 r_{e1} 和 r_{e2},与通过欧姆表测到的值有较大差异,甚至有 5～10 倍的差异,这是由于涡流和趋肤效应产生的损耗引起的。

(3) 耦合系数

搭建图 12-3 所示的电路。线圈紧贴并共轴摆放,使互感系数 M 达到最大值。

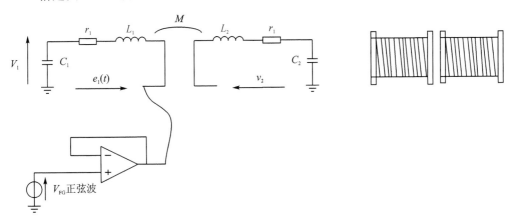

图 12-6　耦合系数测量电路

 测量一下

沿着轴向改变两个电感线圈之间的距离(例如变化范围可在 0～5 cm 之间),分别测量 u_1 和 u_2,计算互感系数 M 和耦合系数 k。

由图 12-6 可以得到

$$\dot{E}_1 = r_1 \dot{I}_1 + jL_1 w \dot{I}_1 + \dot{I}_1/jCw + jM\omega \dot{I}_2$$

$$\dot{E}_2 = r_2\dot{I}_2 + jL_2\omega\dot{I}_2 + \dot{I}_2/jC\omega + jM\omega\dot{I}_1$$

此处显然有：$\dot{I}_2 = 0$。因此有 $\dot{V}_1 = \dot{I}_1/jC\omega$，$\dot{V}_2 = jM\omega \cdot \dot{I}_1$，得到 $\dot{u}_2/\dot{u}_1 = MC\omega^2$。

这样，在测得 $\dot{u}_2$ 和 $\dot{u}_1$ 后，可以很容易地得到 M。

12.3.3 自由振荡和两种本征模式的研究

（1）第一种本征模式

按图 12-7 搭建电路。信号发生器输出频率为 100 Hz、幅值为 0.1 V 左右的方波（请检查运算放大器的输出是否处于电流饱和状态），电感线圈并排摆放。

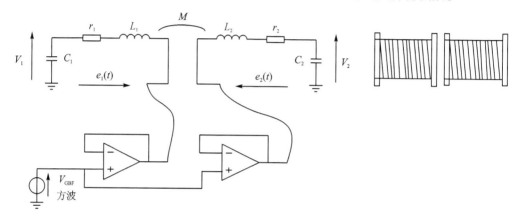

图 12-7　本征模式一研究

将信号发生器的同步输出（"SYNC"端）与示波器的外部触发输入端（EXT TRIG）相连接；由于被观测的信号是一种伪周期信号，因此需要采用这种办法才能较好地观测到波形；对于 Eurosmart 数据采集卡也采用同样方法连接。

记录观察到的 $u_1(t)$ 和 $u_2(t)$ 的波形图，注意同时记录坐标的尺度。

- 测量第一种主模式的频率 f_s，比较 $u_1(t)$ 和 $u_2(t)$；
- 观察 $s(t) = u_1(t) + u_2(t)$（利用示波器的 ADD 即信号相加功能，也可以在 LATIS Pro 软件中操作），$d(t) = u_1(t) - u_2(t)$；
- $u_1(u_2)$ 的李萨如图像，仔细观察信号的相位。
- 改变两个电感线圈之间的距离 D，耦合系数 $k = M/L$ 也将发生变化。频率 f_s 和 f_d 将发生怎样的变化？

请给出 $u_1(t)$ 和 $u_2(t)$ 之间关系的数学表达式。

（2）第二种本征模式

为了观察到第二种主模式，将采用图 12-8 所示的电路，测量的内容与（1）中分析第一种主模式时相同。

现在,$u_1(t)$ 和 $u_2(t)$ 之间的相位有什么新变化?

将测得的频率 f_s,f_d 与求解微分方程得到的结果进行比较。

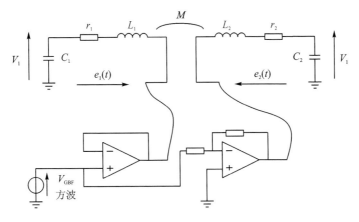

图 12-8　本征模式二研究

（3）拍振荡模式

搭建图 12-9 所示的电路。

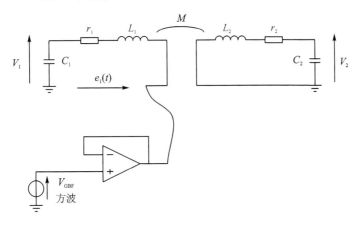

图 12-9　拍振荡模式研究

观察:

* $u_1(t)$ 和 $u_2(t)$ 在同一时刻的波形。注意其振幅、相位以及差拍振荡频率 f_b。

* 利用示波器的 ADD 功能,观察(u_1+u_2);解释观察到的现象,并分析 f_s 的含义。

* 利用示波器的 ADD 和 INVERT 功能,观察(u_1-u_2);解释观察到的现象,并分析 f_d 的含义。

* 比较 f_s,f_d,f_b。

* 观察 $u_2(t)-u_1(t)$ 的李萨如图像。

思考: 增加线圈间距离 D,耦合系数 k 将减小,而差拍频率将有什么变化?

12.4 受激振荡

 **相关理论**

(1) 基本电路

在图 12-10 所示电路中,信号发生器输出正弦波 $e_1(t) = E_0 \cos(\omega t)$。由于只研究其稳态输出,因此在这里采用复阻抗,得到

$$\dot{I}_1 \left(\mathrm{j} L_1 \omega + \frac{1}{\mathrm{j} C_1 \omega} + r_1 \right) + \dot{I}_2 \cdot \mathrm{j} M \omega = \dot{E}_0$$

$$\dot{I}_2 \left(\mathrm{j} L_2 \omega + \frac{1}{\mathrm{j} C_2 \omega} + r_2 \right) + \dot{I}_1 \cdot \mathrm{j} M \omega = 0$$

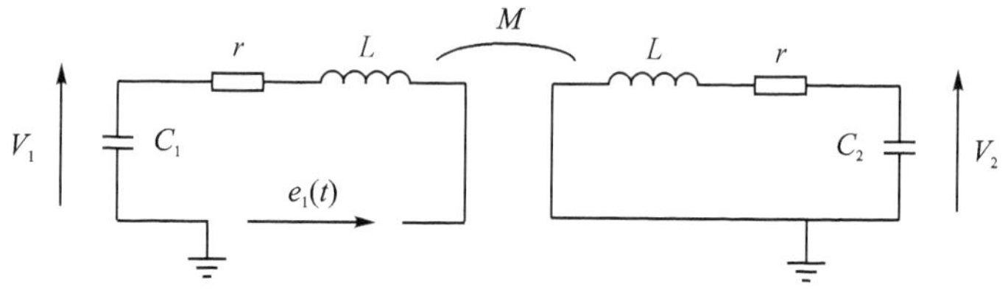

图 12-10 受激振荡研究

两个回路中的电流分别为 $\dot{I}_1$ 和 $\dot{I}_2$,令

$$\dot{S} = \dot{I}_1 + \dot{I}_2$$

$$\dot{D} = \dot{I}_1 - \dot{I}_2$$

并设 $L_1 = L_2 = L$,$C_1 = C_2 = C$,$r_1 = r_2 = r$,可以得到

$$\dot{S} \left(\mathrm{j}(L+M)\omega + \frac{1}{\mathrm{j} C \omega} + r \right) = \dot{E}_0$$

$$\dot{D} \left(\mathrm{j}(L-M)\omega + \frac{1}{\mathrm{j} C \omega} + r \right) = \dot{E}_0$$

由此可见,两个方程是解耦的(每个方程中只有一个变量)。

在上式中,如果设 $L_{1\mathrm{eq}} = L + M = L(1+k)$,则 $\dot{S}$ 犹如 r,L_{eq},C 串联谐振电路中的电流;对于 $\dot{D}$ 而言,如果设 $L_{1\mathrm{eq}} = L - M = L(1-k)$,则也有同样的结果。

因此,可以观察到 S 的谐振现象,其脉动角频率为 ω_s,以及脉动角频率为 ω_d 的 $\dot{D}$ 的谐振现象。最后,如果耦合系数 k 非常小,品质因子 Q 非常大,$\dot{D}$ 和 $\dot{S}$ 的幅度趋于相同。

• 因为: $\dot{I}_1 = (\dot{S} + \dot{D})/2$,共振峰将变得非常尖锐,在 ω_s 附近可以近似认为 $I_1 \approx$

S/2，而在 ω_d 附近可以近似认为 $\dot{I}_1 \approx \dot{D}/2$；由此，对于 $\dot{I}_1 = |\dot{I}_1|$ 可以得到两个谐振的结果；对于 $\dot{I}_2$ 也一样，类似于 $\dot{I}_1$，可以得到：$\dot{I}_2 = (\dot{S} - \dot{D})/2$；

• 因为 $u_1 = I_1/C_1\omega$；但是，对于 ω 与 ω_0，ω_s，ω_d 的值接近的条件下，共振峰将变得非常尖锐，k 非常小，可以近似地认为 $u_1 \approx I_1/C\omega_0$；对于 I_2 和 u_2 也有同样的结果。

需要说明的是，取电容 C 两端而不是电阻 r 两端的电压，可以得到 Q 值很大的信号，因此寄生的参数带来的影响要小得多。还可以使用运算放大器来获得电流信号$(V_o = R \cdot i(t))$，具体可参考有关资料。

请以耦合系数 k 为变量，画出 u_2 的振幅随 k 变化的曲线。

 测量一下

（2）特性观察

采用与观察差拍振荡时一样的电路（图 12-6），但需要让信号发生器输出正弦信号，信号频率需要与共振频率相近（也需要注意输出信号的幅值不能太高，以防止运算放大器饱和）。

1）对于某一个互感值 M（例如，t 当 $D=1$ cm 时），观察 $u_1(t)$ 和 $u_2(t)$ 的幅值，以及两者之间的相位差随频率变化的情况。

利用 Eurosmart 数据采集卡和 LATIS Pro 软件记录并打印重要的波形图。

2）分别用示波器和 Eurosmart ＋ LATIS Pro 软件显示增益曲线随频率变化的情况。

利用 Agilent 数字信号发生器的 SWEEP 功能：设起始频率为 2 kHz，截止频率为 20 kHz；Frequency marker：ON；

• 将信号发生器的同步（SYN）输出与示波器的外触发输入（EXT TRIG）相连，扫描时间设为 50 ms 左右，观察 u_2(t) 随频率 f 变化的情况。

• 将信号发生器的同步（SYN）输出与数据采集卡的外同步相连，扫描时间设为 10 s 左右，观察 $u_2(t)$ 随频率 f 变化的情况。

③ 让 $\omega = \omega_0$，改变 M，观察 u_2 振幅变化情况。

参考文献

[1] 秦曾煌,姜三勇.电工学:上[M].7 版.北京:高等教育出版社,2009.

[2] 童诗白,华成英.模拟电子技术基础[M].4 版.北京:高等教育出版社,2006.

[3] 姚有峰.电工与电子技术实验[M].合肥:中国科学技术大学出版社,2013.

[4] 李朝荣,徐平,唐芳,等.基础物理实验[M].修订版.北京:北京航空航天大学出版社,2010.

[5] 李翔,徐平,BOTTINEAU P.基于乘法器的超声多普勒实验仪的研究[J].大学物理,2008,27(7):53-55.

[6] 姚盛伟,徐平,TABUTEAU Jacques.耦合摆特性模拟及振动耦合现象演示[J].大学物理,2012,31(4):28-32.

[7] 邱关源,罗先觉.电路[M].5 版.北京:高等教育出版社,2006.

[8] 汪建,李承,孙开放等.电路实验[M].2 版.武汉:华中科技大学出版社,2010.